24

SMALL SELECT SHOP

選

風格小店
創業學

24位設計人、生活風格者、插畫家，
將自己喜歡的物件，
以創意變成工作，
創造微小而生意盎然的商機！

1. 創意是生活的養分

2.. 全台24家創意獨立小賣店

達人中的達人

1 生活小道具

2 讀創空間：獨立書店＋展覽空間＋藝術文創賣鋪

CONTENTS

3 ●●●
plus+

1. 創意是生活的養分

PART ONE

FANTASTIC SHOP
1

台灣風格賣店潮
怎麼來怎麼開始

複合空間靈活經營，實踐個人生活態度

● 生活風格的營造

生活是器物所建構的小宇宙，而在這個宇宙裡運轉的這些小行星，呈現出何種質氣的磁場，不覺已成人們定義生活風格的指標之一。從咖啡館、手作鋪到雜貨店都深受日本文化影響的台灣，開店風潮終於吹向具個人特色，講求個性的生活風格店。

因此，當生活已超越實用目的之時，美感與自我則開始跳出，逐漸地這些店鋪開始冒出，成為人們在日常營造生活風格的引子，無論是生活道具、獨立藝文空間或者手作好食，個人所選即個人所成。

● 多樣而小量的 小店經營趨勢

以生活道具類型的風格小店為例，在台灣很多品牌沒有代理商，小店想取得商品不易，只能透過海外經銷甚至跑單幫的方式取貨，使得市場價格混亂，消費者經常一頭霧水，然而隨著生活道具店漸興，開始細分出各類專門店（如文房具、食器店、單車店），在前述的背景下，小店走出獨特性，區隔傳統賣場，便自身投入挖掘品牌，並透過各種人脈網絡，將產品引進台灣，使得各類品牌如雨後春筍大量出現。

同樣的，小店不比企業，諸如巧食鋪和阿之寶細細挑選台灣在地好食品，不以工廠大量製造打入市場，反而用真誠、用手作小量販賣來打動客戶，這樣正是當前風格小店的的經營趨勢。

● 微資本卻高競爭的產業

風格小賣店能夠成功就在於它的小，可以靈活且多樣；然而，風格小賣店的致命傷也在於它的小，無法以量取勝，海外進貨成本偏高，利潤空間十分有限。

在未有獨家代理商的情況下，這些小店不齒成為貿易商的前導，不乏有小店率先引進商品，大廠商隨後取得代理的情況發生。因此，小店若要談永續經營，那麼想開店的你最終迫使得走上以下三條路：

一、持續不斷地開發品牌走在市場前端，例如溫事、實心裡生活什物店。

二、乾脆忍痛投下資本談得品牌總代理，例如61NOTE咖啡館。

三、自創品牌開發商品，例如彩虹來了、參拾選物、Ilife。

● 有趣的賣鋪發展模式

台灣風格小賣店的發展相當有趣，絕大部分的店主都是設計創意相關產業的從業人員，例如溫事的老闆米力與Rick為插畫家與網頁設計師，實心裡生活什物店的背後是實心美術，本東倉庫則是由插畫家李瑾倫由開設……這些店鋪之所以成形，是因為這些店主因自身工作長期接觸，對設計與器物鍛鍊出敏銳眼光，而他們希冀透過小店將生活中的所感歸納在實體空間，藉此傳達／分享美學概念。

簡而言之，不少賣鋪是設計師們玩出的，但在經營成本高、獲利有限的情況下，台灣風格賣鋪不少都採取複合式經營，店主右手從事本業，左手經營賣鋪，或者將賣鋪結合咖啡館、藝廊、書店、民宿等來分擔風險與利潤，大概也是台灣賣鋪特有的現象。

FANTASTIC SHOP
②
開店的流程
與重要重點步驟

嗅聞市場風向球：
觀察與聊天是重要的

市場上總有幾間風格特出的小店，他們將所感、所悟、所觸的一切內化在空間內，成功詮釋某種新風格，吸引大批追隨者，而成為市場仿效的對象。因這些店主們都具有高度敏銳性，平時不妨多觀察這些指標性的店家，倘若有機會可多多交流，從「你最近在做什麼」問起，是很不錯的開始。尤其當某件事情成為大家共同談論的話題，那就有可能是新潮流的誕生點。

想清楚開店最重要的目的

「開店容易，經營難。」這是許多店主開店後最感慨的一句話。

溫事的老闆 Rick 表示，自己在創業前是悠閒的自由工作者，時

間與金錢運用都很優渥，但進入
創業領域後，就完全失去了對金
錢與時間的掌控能力，可能必須
忍受長達三～五年時間的虧損，
除了投入的金錢難以回收，星期
假日的休憩時間也被佔據。他認
為創業是在實現心裡的夢想或是
有想說的話要表達出來，因此開
店之前，不妨回問自己：有什麼
是非說不可的？千萬不要為了
開店而開店，否則那就是從上班
深淵逃到另一個深淵。

畫多大的餅？
摸清定位與市場規模

做為一個小眾品牌，主打小
眾市場，千萬不能被市場迷惑，
去追求那個不屬於你的市場，
否則必然付出慘痛的代價。經
過幾次和通路打交道的經驗，
彩虹來了的店主高耀威發現此
路對小眾品牌而言是不通。

大型通路為了求新鮮感，通
常不允許品牌一成不變，任何稍
具規模的品牌（尤其是服裝）一年
至少要有兩季新品上架，而這些
品牌每次上架就會推出200
款左右新品，相較起來，資本
小的獨立品牌一年大概只能有
3～4款新品，數量相當懸
殊。加上通路商要求不斷推出各
種折扣組合，衍生額外的廣告費
與宣傳費累積起來也是一筆沉
重的負擔，如同下殺折扣又再次

剝削。市場大不等同於獲益大，
小店／小眾品牌尚若瞄準錯誤
市場，站在不同基準點上比拼，
往往成了經營不善的致命傷。

精確計算成本：
營收是鞏固熱情之本

開店成本（尤其是裝修費）經常容
易失控，這代表規劃不完整，沒
有想清楚就投入。創業前必須
好好計算固定成本（租金、人事、
裝修、設備）與變動成本（食材費、
採購費、維修、宣傳、損耗）當某一
部份超支的時候，必須評估其他
部分是否能夠彌補，如果無法找
到解決對策，千萬不要抱著多花
一點沒關係的心態貿然行事。日
後，開店成本都會攤提在每月營
業額中，若超支過多，長期虧損
便會侵蝕熱情，當熱情耗盡的時
候，大概離結束營業也不遠了。

雜貨店成本心法

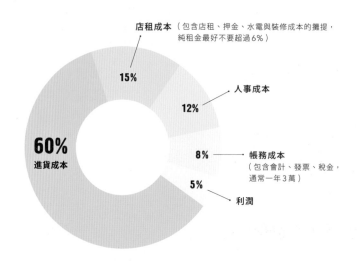

店租成本（包含店租、押金、水電與裝修成本的攤提，純租金最好不要超過6%）

15%

人事成本

12%

60% 進貨成本

8% 帳務成本（包含會計、發票、稅金，通常一年3萬）

5%

利潤

開一家雜貨店的成本配比
一間店的成本控制、招攬來客數與進貨量，可以從年營業額目標來回推

　　以年營收100萬為例，每月店租成本不能超過15萬，已知裝修成本需要花費300萬，而房租契約簽定為3年，平均一個月要分攤8.3萬的裝修成本，扣除水電維修等雜支，每月房租最多不能超過4.5萬。

　　若是設定營業目標為年營收300萬，每日要銷售8219元，若每人平均消費以200元計算（視商品而定），那每天至少要有46位「有消費」的客人，而總進貨量至少要有17000～20000筆商品。

　　雜貨鋪的挑戰在於所有成本幾乎毫無削減空間，舉例來說，年營收500萬的雜貨店算下來利潤只有25萬，老闆本身的薪水還少於一般上班族。若以這個配比計算，雜貨店想要雇請員工，年營收達到300萬（人事成本可有36萬）才可以請第二個員工，年營收達500萬（人事成本可有60萬）才能請第三個員工。除非有此把握，否則老闆難逃親力親為的宿命。

（資料為溫事老闆Rick提供）

營運資金要以兩年為思考

根據長年經驗累積，阿之寶的老闆秀美指出，一間全新的店鋪要確實掌握營運、讓客人熟悉認識，新店的生意鮮少三個月就轉虧為盈，觀察期通常得要花1～2年時間才行。但是白手起家的創業者通常資金有限，無法預備很多周轉金，也很少有人願意放一大筆現金不用，通常有錢的時候就會想要多進貨，導致最後就留下很保守的錢，往往將自己逼入經營險境。

雖說大部份認為周轉金準備三個月即可，但倘若三個月內店鋪無法盈利，是否就決定要收起來？當周轉金準備不足，店鋪沒有多餘資金進貨時，客人便覺得每次光顧都了無新意，就更不可能下手消費，如此一來就形成惡性循環。無論開店資金透過何種方式籌措（自身存款、親友贊助、股東合資等），建議將青年創業

貸款、企業工商貸款、二次房貸等，視為應急時的周轉財庫。

立人脈，而溫事則是透過網路小量經營了七、八年，累積足夠能量，才決定開設實體店鋪。

有意創業的人應該將選物視為平日功課，透過網路、報章、雜誌或旅行，將喜歡的品牌記錄下來，若有機會最好能直接與創作者見面，表達未來採購意願。通常到了開店前半年或一年，再進行篩選與採購。

選物準備期可長可短，應從日常做起

商品是選物店的精神所在，考驗店主的眼光，也考驗蒐貨的本事。選物工作是長期經驗累積，準備期可長可短，例如叁拾選物在開店前一、兩年便開始陸續建

創業達人這麼說！

如何與銀行建立良好關係

與銀行維持良好往來關係是重要的，可確保日後有紓困管道。但如何成為銀行的優良客戶呢？建議店鋪的存款、支票、員工薪資轉帳、刷卡機都固定與一家銀行往來配合，集中火力建立良好的信用關係，當店鋪成為銀行的忠實客戶，對日後要談貸款多少有幫助。

採購商品的思考策略

綜觀台灣現今的生活道具店的選物導向，大致可以歸結出兩大類型，一種很難定義，選物並不固定，不斷在變動中；另一種則較為商業導向，透過海內外批發商引進商品。前者通常是店主親身赴海外採購，進貨商品隨著每次挖掘而不同，較有新鮮感。後者大多數是進口消費者較熟悉的品牌，進貨與定價都較穩定。當然，也有不少店鋪採兩者並行的選物策略，兼具深度與廣度。

進貨取向關係到囤貨成本，若是獨自海外進口的商品，大多採買斷，必須佔去資金，囤貨壓力大。若是代理商進口品牌或台灣在地品牌、設計師商品、手作商品等，部份可以洽談寄賣，賣出後再抽成（大約 3 成）小店可以依照資金狀況配比買斷與寄賣商品比例，達到

經營雜貨店的重要規範

1 軟硬體基礎建設：店鋪設計、氣氛營造⋯

2 宣傳：臉書、部落格、電子郵件等⋯

3 媒體應對：媒體採訪如何介紹、推廣商品⋯

4 經濟未來發展：成本利潤計算、收支平衡⋯

5 文化層次展現：商品價值與意義陳述⋯

6 員工訓練：介紹商品、教導示範用法、提出好的建議⋯

7 外交控制：敵對商店開幕時如何打招呼、如何群聚和平共處⋯

（資料為溫事老闆Rick提供）

打造具風格的實體空間

溫事的老闆Rick認為，開實體店的用意在於創造獨特的消費體驗，其架構可由色、香、味、觸、法來論述。色是整個空間質感、香是傳達氣息氛圍、味是招待客人的心、觸是細節的處理、法是理念堅持。

另外，店址位置關係到店面屬性，若是針對過路客，可選在交通方便的商業區開店，若是針對熟客，則可退而求其次，選在巷弄中開店亦可。

理想的平衡狀態。不過，寄賣雖可減輕小店囤貨壓力，但相對地則是把風險轉嫁給品牌，是否採行此策略可斟酌思考。

2 全台 24 家創意獨立小賣店

FANTASTIC SHOP

01

蘑菇
MOGU

ADD
台北市大同區迪化街一段187號（大稻埕店）

TEL
02-2557-0155

TIME
週日-週四：10:00-21:00
週五-週六：10:00-22:00
定休日：每月最後一個星期三

FACEBOOK/WEB
蘑菇
www.mogu.com.tw

玩起夕陽產業鏈　回歸商品的最初

蘑菇，大概是全台灣最愛「玩」的設計工作室了。蘑菇的前身是由五個設計人成立的寶大協力設計公司，他們左手承接各種商業設計案，右手卻揮灑出一個獨特的文創品牌「蘑菇」。蘑菇玩出版、玩服飾、玩印刷、玩染布、玩展覽、玩料理，多元發展了10年，這個「在途中」的品牌顯然還會繼續玩不停。

轉

從串聯上下游出發

眼間，這個創立於二〇〇三年夏天的品牌「蘑菇」已經11歲了。從過去摸索成長，如今蘑菇已確立發展方向，正式告別跌跌撞撞的嬰兒期，它將要開始邁開步伐奔跑。目前在台北與台南共擁有四間直營店（中山店、孔廟店、大稻埕袋包店、林百貨專櫃）的蘑菇，彷彿下定了決心，一反過去溫吞的發展步調，勇往直前。

蘑菇，究竟該如何長大？這個大哉問對處於發展關鍵期的蘑菇，回顧一路走來踩踏出來的草徑，這很可能正是剛出發不遠的新品牌未來10年的將行之路。提起近兩年快速轉型，蘑菇創意設計總監張嘉行（Tom）不禁苦笑。他說：「這幾年我們一直想著縮編，我們也很想這樣就好，但拓展似乎是不得不走的一條路了。」

張嘉行說，創業初期他與幾個朋友想得都很簡單，「來做一些好玩的事情吧！」只是從這樣一個念頭出發，用設計工作剩餘的時間與資金辦刊物、設計商品，後來就玩出了《蘑菇手帖》、Booday蘑菇咖啡館，而旗下產品從單純的轉印T、紙製品，到後來發展出袋包、有機棉、手染等系列，漸漸地，「做膩了就解散」這樣的話不再能玩笑了。

起初，蘑菇發展產品的目的，不外是想串聯上游製造業與下游消費端，讓設計商品多少幫助台灣夕陽紡織業。然而，當蘑菇越走越靠近製造者，便發現每個品項的背後都維繫一支生產協力團隊的生計時，包括染布媽媽的工坊、咖啡館與店鋪的員工們，身為有責任感的品牌似乎不能再像孩

蘑菇的 三大獨創特色

❶ 上下游整合提升品質

蘑菇最早的角色為單純設計者，生產工作大多由代理商處理，但為了清楚掌握細節，這三、四年來逐漸參與大量生產者工作，從採購布料、織布、染色等詳細把關，提升品質之餘，也成為支持台灣紡織業的微小力量。

❷ 號召策劃好玩活動

從第二屆「文博會」、文建會的「好家在台灣」、松山創意基地的「松菸原創基地節」，到台東糖廠的「GO EAST 夠意思生活節」，蘑菇的玩心不受限制，經常在本業之外藉由種種有趣的跨界活動傳達對生活的想法。

❸ 傳達生活溫度的刊物

六、七年前，鮮少有品牌以獨立刊物傳達自己的理念，蘑菇所創辦的「蘑菇手帖」，圍繞著旅行、食物、生活、設計等主題，架構出獨特的風格，所培養出的讀者不少成為品牌愛用者。近來刊物主題也嘗試結合產品設計。

1 即將年邁五十大關，蘑菇創辦人張嘉行依舊玩心勃勃。
2 用透明塑膠布做成的暖簾取代傳統門面，與老建築形成有趣的結合。
3 大稻埕袋包店為狹長街屋，穿過天井就是蘑菇的辦公室。

子般任性，有些重要的小事是無法說放就放的。

● 商管模式的蛻變

急欲擴張的品牌所面臨的尷尬處境不外是資金與人力的養份不足，這幾年來蘑菇也陷入掙扎，不斷測試尋找最適合的發展規模與經濟規模。直到去年底，蘑菇因有新的股東加入，取得拓展品牌的新能量，而設計人向來隨性浪漫的經營方式，也逐漸開始投入商業管理模式，而開始產生微妙的改變。過去，蘑菇直營店的設計以生活化為主，裝修都是運用手邊蒐羅的老家具等現成物，隨著直營店、臨時店或展覽等多元活動開枝散葉，確立店鋪一眼可辨的總體形象，讓潛在客群快速認識蘑菇，變成店鋪所要承載的非銷售任務。

張嘉行說：「從去年在大

4 利用挑高優勢，獨特的天花板設計傳達屋中屋的概念。
5 水管重組成吊桿，
6 大稻埕店是蘑菇首先嘗試以袋包為主題的店鋪。
7 No.36 蘑菇手帖《漂流木與星星的夏天》也推出商品組合。
8 筆記本、便條紙等紙製品，是蘑菇自早即推出的商品。

稻埕袋包店開幕，到今年受邀擔心是騙人的。」張嘉行說。

進駐林百貨，這兩間店鋪本身儘管工作緊湊忙碌，店鋪事

處於歷史氛圍相當濃厚的建築務繁雜，蘑菇們還是不忘要玩

內，若再使用台灣老件裝修，個痛快。「無論如何，堅持做得

店鋪精神反而容易被空間吃快樂是蘑菇最重要的精神。」過

掉。」所以在這兩個新空間中，去自稱無用的蘑菇，不知不覺

蘑菇打破過去手法，取傳統建變得很強大，護佑著一個個微

築「合」字屋頂在空間中打造小的美好日子，成為了一把可

「屋中屋」，創造出新的語彙來靠的傘。

解決進駐商場空間於機能上與

形象上所面臨的衝突。

● 秉持快樂不畏艱難

過去，蘑菇也曾經進駐百貨

通路，然而小店經營要拓展到

商場時，種種嚴謹的監督與經

營規則席捲而來，加上賣場環

境緊湊的消費節奏，不僅習慣

店鋪銷售的店員無法適應，就

連經營者也吃不消。「第一次進

駐信義誠品，我們六個月就決

定撤場了。幾年之後，蘑菇重

新挑戰林百貨，說不緊張、不

品牌轉型還有其他原因嗎？

A1 過去很長一段時間，蘑菇只有兩間直營店，台北中山店之外，就是台南店了。這兩間店一開始設點的考量都只考慮環境是我們喜歡的，沒有特別針對客層思考，而空間裝修也為了節省經費，大多利用手邊現有的老家具。當蘑菇離開台北以外的地方，我們發現並非所有消費者都如此熟悉蘑菇。六、七年前我們用台灣生活味來拉近和消費者的距離，但今日看來卻覺得我們介紹自己的方式應更有說服力、更精緻，因此對店鋪形象下了一番新的定義。

OWNER

張嘉行 Tom（47）
創業資歷 11 年

張嘉行的
SHOP MANAGEMENT
蘑菇的 Q & A

屋中屋的設計背後想法？

A2 最開始用屋中屋的是大稻埕袋包店，這是因為老洋房沒有管道間，一般店鋪都利用天花板來隱藏醜陋的管線，我們覺得既然要做天花板，不如就結合文化。屋中屋是從解決歷史建築紊亂的天際線與管線問題出發，發展出今日的樣貌。後來，我們發現這樣簡單的視覺也便於以金屬構建搭建，很適合用在臨時展場與戶外場地，於是便成了大稻埕店之後統一的視覺形象。

蘑菇如何經營熟客？

A3 我們建立了會員制度，有會員卡，可參加專屬優惠活動。除了這些比較制式的會員制度之外，我們不定期會發小字報給會員，而每年十一月周年慶時，會在中山店對面的公園舉辦小型演唱會。

SPACE DISPLAY
蘑菇的空間陳列規劃術

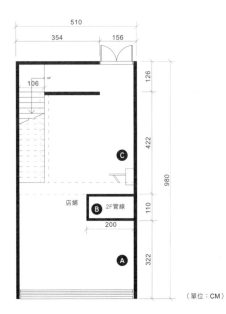

〈單位：CM〉

空間局部或角落使用老家具，例如凳子、老書桌、木抽屜等，這些元素延續蘑菇過去的形象。展示區特別保留一張老書桌，除了展示商品，也供旅人自由使用；而嚴肅的產品說明經過設計後，成了牆上一幅幅畫作，讓人讀來更有興味。

考慮將來品牌展店必須適應不同建築，利用屋中屋概念解決老屋天花過高以及藏管線問題，斜屋頂的天際線也呼應建築的歷史感，若用在戶外展區也能自成一格。

過去蘑菇總是以老家具陳列出生活味，新概念下的空間將「老」元素化，使用老木料、繩索、鐵構件等素材，搭造出會晃動的鞦韆展示架，不安定的效果似乎暗喻渴望旅行的心，讓商品在靜態展示之外多了一點動感。

SPECIAL ITEMS

蘑菇的特色產品

2

Mr. Big 大先生

帆布包鮮少有的後背包款式，針對旅行者設計，
布料採用14盎司水洗平織帆布與潛水布襯。

1

大稻埕 Tees

河畔、長屋、藥材、米店……以大稻埕為
發想，展現出混亂有序的街道風情。

3

May 小書包

靈感來自宮崎駿動畫龍貓
裡的小女孩「梅」，配上
豬鼻子撞釘，輕巧可愛。

4

台灣 100 繡片

針對帆布包商品設計的個性化配件，集
合台灣代表圖騰，如藍白拖、雙囍、檳
榔等，將持續不斷推出季節盒裝。

FANTASTIC SHOP

02

實 心 裡
生活什物店

ADD
台中市南屯區大容東街10巷12號

TEL
04-2325-8108

TIME
週三-週五：13:30-19:00
週六：11:00-19:00

FACEBOOK
實心裡 生活什物店

美好相遇無料供應

在台中從事設計工作十多年的王進明與孫明華，利用工作
之餘發展的同名品牌「實心美術」(solidart)，無論設計
商品或實體店鋪，他們展現出的沉靜素雅風格深受不少藝
文人士喜愛。若仔細咀嚼他們的設計，不難發現其中蘊藏
著他們對於生活的點滴所得，才是真正引起共鳴之處。

約

莫兩年前，實心美術開了第一間直營店鋪「實心裡生活什物店」，小店美其名是生活什物店，以及兼辦的手作、講座、純藝展覽等活動上。以經濟規模來論，此店商品不豐、貨量不足、但生活感卻十分過剩，如此成本太高（空間美氣氛佳還附一杯茶）又利潤太低（免費看展絕不推銷），對台中市民而言，此店的存在不足以「佛心」來形容，簡直要稱之為「福報」了。

● 從品牌到直營店

從單純設計工作到產品開發，王進明與孫明華兩人利用本業以外的時間，投入T-Shirt、隨手袋、筆記本設計。初期，他們透過自己尋找與朋友推薦，與數間風格與質感較契合的店鋪合作，以小

第一間直營店鋪「實心裡生活什物店」，小店美其名是全品項商品一次到位，但實際上卻有太多焦點分散在周邊選物，以及兼辦的手作、講座、

實心裡的
三大
獨創
特色

❸ 自有設計品牌

「實心美術」（solidart）自有品牌商品不少，除了筆記本、T-Shirt之外，年月曆也是近來大受歡迎的產品。此外，也可接受委託設計專屬商品，因小店而委託的客戶包括有鶯歌陶瓷博物館（筆記本）、菩薩寺文化產品（文創商品）、半畝塘建築作品集等。

❷ 不固定限量選品

店內部分商品與朋友合作寄賣，例如米力、李瑾倫工作室、陳明章音樂工作室、無名樹設計等，另外一部分則是店主旅行攜回的小物或工藝品，通常只會有3～5件，不固定變換，數量有限，具有稀少性。

❶ 延伸選物店概念

實心裡生活什物店的概念，深受日本生活道具店的影響，由店主的角色出發，選擇所愛的品牌與商品，展現出自己對生活的看法與態度。因為是自己也愛的，介紹起來才會理所當然，充滿自信。

量生產、小量寄賣方式，在咖啡店、獨立書店、設計商品店分享自己的作品。多年以來，實心美術持續透過小店訴說理念，直到品牌基礎穩固了，產品精神逐漸被人理解，漸漸經營出知名度，才走上與連鎖書店通路的穩定銷售模式。

數年前，隨著工作室搬遷到大容東街的巷裡透天，四層樓空間只運用了二樓與三樓，做為交誼廳與辦公室，而一樓則因暫且利用不到而閒置。兩年半前，因為台南民宿謝宅發行了一張散步地圖，詢問實心美術是否能短暫做為台中客人的取貨點，他們才將一樓整理出角落，成了限時開放的微店鋪。從小小的契機出發，不敵眾多朋友的慫恿，才衍生出實心裡生活實物店的構想。

● 定義內在風格

若是仔細觀察實心裡生活什物店，會發現這不僅是一間販售設計商品的小舖，基本上自有商品也僅佔20%，其餘商品諸如書籍、音樂、文具、陶瓷杯等，隱約都圍繞著「閱讀」主題。王進明表示，實心美術的開店準備工作必須從定義內在風格談起。他說：「既然品牌的源頭談的是生活，我們便想將概念延伸，將各式各樣與生活感有關的物件納進來。」包括空間氣氛的塑造，角落的北歐沙發（客廳）、供人坐下聊天的大桌（餐廳）、小巧簡單的吧台（廚房），是同樣陳述著家的概念。

「我們希望這個空間看來不像一間賣店，而像是一個家的感覺。」王進明說。

有趣的是，「如家一樣的隨性自在」也呈現在他們的選物概念上。幾次逛下來，總會發現

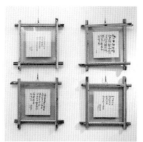

何景窗的書法展覽。

實心裡就是「走進實心美術裡」的意思。

店內販售的物件總不相同，諸如數支朋友手刻的湯匙、幾件旅行的戰利品、近來著迷的桌上文具等，偶有會有比Pop Up Store（快閃店）還要臨時起意的活動。有別於傳統，這裡的進貨概念完全取決於平日所得，攤開在店內的物件總合起來，大概類似於兩位店主近日的生活週記吧。

賺到美好的相遇

為了讓雜貨舖維持最初的分享精神，王進明與孫明華對小店營運只要求自給自足，並沒有給予太多業績壓力。不過，經營了一段時間下來，王進明卻發現樓下店舖為樓上工作室帶來意外的收獲，有不少客人因為店舖空間進而認識實心美術，甚至抽象的核心精神透過空間氣氛的整體營造，收到不言而喻的效果。

1 旅行帶回的陶燒胸章。
2 路易斯安娜美術館買到的吊飾。
3 架上有各種實心美術設計的筆記本及選書。

透過店舖傳達的風格，吸引屬性相同的客戶，這是店舖有形的收穫。但王進明更認為，透過店舖而認識的產品設計者、工藝家、作家、品牌經營者，以及許許多多氣味相投的客人（後來都變成了朋友！）這些才是店舖無形的收獲。

透過美好的相遇讓人生無垠地開展，倘若要將這稱之為經濟效益，也未嘗不可吧。

OPEN DATA
實 心 裡 的 風 格 小 店 財 務 報 告

DATA_2 產品暢銷比例

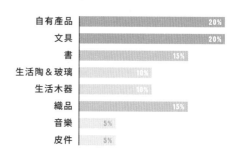

自有產品	20%
文具	20%
書	15%
生活陶＆玻璃	10%
生活木器	10%
織品	15%
音樂	5%
皮件	5%

DATA_1 特色商品

筆記本、T-Shirt、雜貨、
書、音樂

OWNER

王進明（46）
創業資歷 19 年

另有夥伴孫明華

王進明的
SHOP MANAGEMENT
實 心 裡 的 Q & A

分享自有品牌推廣的心得？

A1 第一個寄賣實心美術夏天 T-Shirt 的不是選物店，而是胡同咖啡，當時的老闆阿丕直接拿來當成員工制服，透過店員的穿著示範，竟也推銷了不少產品。當品牌在小店通路經營出知名度，也曾經有連鎖書店通路商前來洽談，然而進入通路需要投入較多成本生產較大量的產品，難免壓力過於龐大。回想實心美術第一次與誠品書店洽談，王進明表示當下並沒有立刻達成共識。多年以來，實心美術持續透過小店訴說理念，直到品牌基礎穩固了，產品精神逐漸被人們理解，才終於與誠品書店達成共識，不需要全省鋪貨，只挑選了 20 ～ 30 家屬性較適合的點寄賣。

未來對選品的想法？

A2 深受鄭惠中老師「利益大眾」的想法啟發，我們希望未來所設計的商品和選品目標，儘可能不過度設計、不對環境造成太多負擔，並且是可以提升生活品質與心靈質素的商品。

未來分享課程的方向？

A3 這裡設定的活動與展覽必須與我們的商品有些連結關係，通常探索的都是生活裡會接觸到的面相，例如手作工藝（書法、木刻、陶藝、編織）、廣義的閱讀（書籍、音樂、影像）、藝術、生命經驗等，我們期望人們能藉此往內心探求，得到生命的愉悅與平靜。
此外，我們未來也預計規劃一連串由「第一課」系列筆記本概念出發的活動，透過不同領域的人的帶領，讓人生隨時可以開始第一課。

維持非營利小店的要訣？

A4 雖然有工作室本業支撐收入，但還是認為小店的財務必須獨立，且營收要能達到自給自足，才是長久經營之道。雖然店鋪空間附屬於工作室，但我們設定這個空間必須負擔基本租金與人事費用，每月營收至少要能補平開支，透過這個基本門檻讓小店經營有積極度，不至於因為沒有業績壓力而懶散。

SPACE DISPLAY

實 心 裡 的 空 間 陳 列 規 劃 術

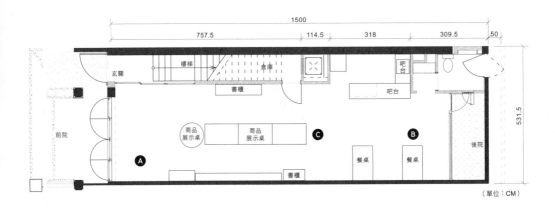

（單位：CM）

一開始規劃時，便決定將門面切割為兩個入口，一個工作室專用，另一個則是一樓空間專用。空間前半段的設計是以客廳為概念，北歐經典設計沙發椅所營造的舒適角落，有如家一樣的擺設方式。

空間後半段的概念是餐廳，有簡單的吧台與寬敞的大桌，好友們可以坐下來閒聊，而人們可從旁邊的書架上選一本喜愛的讀物，試閱時也能不倉促，坐下來、喝口茶、慢慢看。

空間中段為主要的陳列區，除了書架為訂製之外，其餘都是選用老件家具居多，有來自北歐，也有老台灣風格的物件，可隨著主題變化自由調配。小店的陳列邏輯是直接以家具來分類。

1

Yoyo 木刻

朋友 yoyo 使用舊木料二度利用做成的手刻餐具。

2

芬蘭 Kauniste 布料

店主旅行北歐發現的品牌，由設計工作室 Kauniste 出品的布料，圖案融合了插畫與設計。

SPECIAL ITEMS
實心裡的特色產品

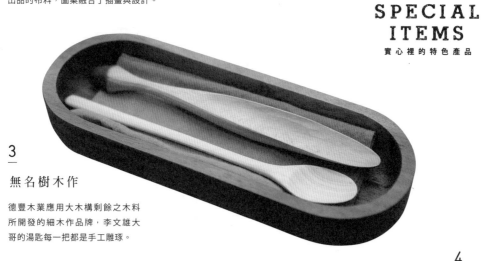

3

無名樹木作

德豐木業應用大木構剩餘之木料所開發的細木作品牌，李文雄大哥的湯匙每一把都是手工雕琢。

4

好地方紙膠帶

實心美術與知音文創合作的好地方紙膠帶，靈感來自在地生活。

5

寫經寫字本

實心美術與維摩舍一起出版，內附菩薩寺慧光和手抄心經帖，共有藍白綠黃黑紅6色封面。

FANTASTIC SHOP

03

參拾選物

BY SENSE 30

For City Boy 的生活概念店　販賣好品味

從單車風格品牌發展到生活選物店，延伸 Sense30 品牌的參拾
選物，是一間以風格為導向的選物店。它聯合國內具有主張的店
鋪，以及來自海內外的選品，提出「For City Boy」的概念，將
都會時髦與愜意休閒結合，打造出大男孩嚮往的生活樣貌。

由插畫家葉世豪（Sihow）、唱片設計師方序中（Joe）、平面設計師陳彥鳴（Issa）三個大男孩所發起的Sense30品牌，是一間以30世代為藍本的復古單車店，而這間單車店不只主打線條優雅的訂製紳士車，並且從騎乘生活出發，分享成熟潮男們所熱愛的生活方式，意外成了潮流圈、單車掛與設計族群的交會之地。

「我們希望Sense30不只是一間單車店，我們是藉由單車引出某種風格。」創辦人之一的Issa說，過去台灣單車市場集中於幾個大品牌，設計上所強調的絕大多數是性能，鮮少有從風格著手的自創品牌。為了打造他們所喜愛的單車，Issa與其他兩位夥伴組成工作室，花了3、4年時間串聯產業鏈，逐一打通製作的每個環節，直到推出成品、獲得迴響，當營運效益顯現之後，才決定開設實體店。

「會想要開店主要是因為現有通路的銷售方式無法適用Sense30，多數商品只是被陳列在開架上，被動地等待消費者選購，商品本身的特色與精神根本無法被呈現出來。」有鑑於此，Sense30除了是以展售單車為主體，加上圍繞主題的周邊選物，展現出具有品味的單車生活風格。

品味選物呈現商品精神

Sense30品牌經歷4～5年發展，去年底由設計師Issa獨資創辦的參拾選物，在概念上與形象上延續Sense30。獨立於主品牌，以副牌概念來經營，擴大範圍陳述Sense30一直以來所強調的是生活品味，甫一開幕便吸引不少都會大男孩的眼光。

叁拾選物的 三大獨創特色

❶ 選物中見態度
將「生活該有的態度」的想法具體化，叁拾選物將國外風行多年的General Store概念帶入，精心挑選具有想法、態度、故事的各種「物品」，例如新銳女裝品牌if&n 2、Alisan Project阿里山咖啡等，串連成理想生活的樣子。

❷ 策劃主題選物
看似零散的選物，背後自有道理。叁拾選物將物件介紹轉化為的主題選物，策劃「生活選物」、「叁拾選書鋪」等，希望分享店主對旅遊、生活、工作、攝影與美學等各面向的看法。

❸ 聯合小店選物
除了小店親自開發的選物之外，也許具有風格的選物店合作選物，例如禮拜文房具、古道具等。叁拾選物融入風格搭配的概念，只要是喜歡叁拾選物的客人，在一家店內可以一次購足所需的生活用品。

ADD
台北市羅斯福路三段210巷10號

TEL
02-2367-3398

TIME
13:00-21:00
週二休，週日提早19:00閉店

FACEBOOK/WEB
叁拾選物 by Sense30
www.30select.com

叁拾選物的概念與日本雜誌《Popeye》提倡的風格相近。

明確小店經營方向

Sense30發展穩定之後，Issa發現以獨立品牌現有的資金與人力，小店經營難以兼顧深度與廣度。一店既然鎖定單車專門市場，他希望能創立一間以生活角度切入的二店，同時也是做為開發潛在客層的形象據點。

從萌生開選物店想法，Issa花費一年時間籌措，彙整過去累積人脈、聯繫品牌、確認選物，等到尋獲合適空間，大約花一個月時間便將空間整頓完畢。走進清爽俐落的賣店空間，HyperGrand Nato手錶、Wisdom手巾、Fragile黃銅皮革鑰匙鏈、Pureego推出的漁夫帽……，這些選物彷彿都是讓男孩瞬間帥度提升的神兵利器。

拾選物既名為「選物」，商品策略自然打破台灣過去買單車到單車店、買文具到文具店的消費習慣，店內商品可分為文

1 食品雜貨櫃販售Issa喜愛的辣味燒肉醬、日式昆布醬油等調料。
2.3 除了新品，偶有Issa自各地蒐羅來的老件與有趣的庫存五金。
4 叁拾選物的產品與本店區隔，單車只做為展示用。

5 平面設計師Issa獨資創立的二店，將一店訴求的風格概念更加放大。
6 今季以叁拾選書為主題，展出Issa喜愛閱讀的書目。

突顯選物風格
而非個人取向

Issa說，選物店的經營比起專門店來得複雜，主要在於商品內容多元。「許多零售店通常會陷入一種迷思，無法割捨個人喜好，導致挑選了錯的物件，而削弱了整體的風格感。所以，我們訂下選物原則，是將店的個性放在第一位考量，其次才考慮品質、設計、機能等。」

參拾選物選定在羅斯福路的巷弄內經營，不僅租金較大馬路上的店面優惠（租金相差兩倍

具類、服飾類、食器類、書籍類等數項，物件集結自不同品牌，凝聚成一間以風格為出發的態度選物店。但由於選物店必須抱著開放態度，不獨厚於某種獨家商品，因此如何讓消費者認同小店的選物邏輯，則成為經營的重點。

以上），氣氛上也較安靜輕鬆，使消費者願意多花點時間深入了解。參拾選物也利用臉書工具，在網路上傳遞自身對於物件品味的見解；除此之外，Issa也透過「選物主題」方式，分享店主近期有所心得的新鮮事物。

若要定義參拾選物的風格，Issa認為日本雜誌《Popeye》所提出「For City Boy」的概念，那種略帶都會時髦、又不拘泥於正式的生活感，正是他們所要掌握的。

OPEN DATA
叁拾選物的風格小店財務報告

DATA_4 產品暢銷比例

- 服飾類　50%
- 日用品　25%
- 文具　25%

DATA_5 營業收支圖

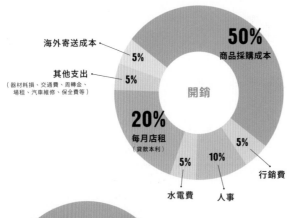

開銷

- 50% 商品採購成本
- 海外寄送成本 5%
- 其他支出 5%（器材耗損、交通費、周轉金、場租、汽車維修、保全費等）
- 20% 每月店租（貸款本利）
- 水電費 5%
- 人事 10%
- 行銷費 5%

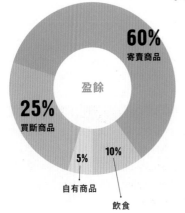

盈餘

- 60% 寄賣商品
- 25% 買斷商品
- 自有商品 5%
- 飲食 10%

開銷：盈餘
4：6

DATA_1 基本費用

- 空間規劃費：70 萬
- DISPLAY 花費：30 萬
- 設備費：20 萬
- 囤貨資金：30 萬
- 房租押金：114 萬
- 週轉金：30 萬
- 改裝歷時：2 個月

DATA_2 營業額

- 旺季月營業額：30 萬
- 淡季月營業額：20 萬

DATA_3 特色商品

生活選物、日用良品

> **Sense30的成功之道為何？**

A1 從Sense30數年經驗來看，自有商品（手工訂製單車）的技術門檻高，一般小品牌多不願冒此風險，而大公司則認為訂製服務的成本利潤比效益不大，也不願意發展此塊業務。但對於小品牌而言，儘管成本高、利潤低，但只要好好鎖定目標市場，即使市場再小，仍然有足夠空間可以讓小店生存。

OWNER

陳彥鳴 Issa（37）
創業資歷 6 年

Issa 的
SHOP MANAGEMENT
參 拾 選 物 的 Q & A

> **開店選址的要點有哪些？**

A2 相較於大馬路，巷弄更符合我們想要的感覺。至於地點的評估，只要距離捷運站不太遠，應該都是不錯的位置。不過，二店開了之後，我們發現這附近沒有其他的風格店，群聚效應較差，是當初沒考慮到的盲點。但還滿幸運的，後來附近有類似的小店開幕，這裡形成了一個小散步圈，也較能吸引客人前來。

> **如何選出風格感？**

A3 風格選物店的概念不從市場角度出發，所以我們顯少觀察市場的喜好來做決定，而是要回歸自己本身，反而比較常問自己想要什麼。在決定買入商品之前，我們會盡可能與主事者、設計者熟識，藉由攀談理解他的精神，並且可以從細節觀察商品的自我要求度。為了拿捏風格，我們通常會以視覺為第一考量，其次是品質與功能，最後才是考慮銷售與市場接受度。抱持觀望態度的商品，如果風格不到位就不選，如果是擔心消費者接受度，通常會先小量進貨測試水溫，反應熱絡才會大量買進。儘管少量進貨無法壓低成本，但可以減少滯銷囤貨風險。

「叁拾選物」一改一號店的歐洲復古風貌,以簡單明亮的俐落空間設計,回歸最原始的空間配置。落地玻璃窗刻意採斜角配置,讓內部磚牆「出血」到室外,使入口退出一個喘息的空間,讓客人可以稍事整理,再從容進店。

為了讓前來的朋友更清楚專注於「物品」本身,叁拾選物的空間設計得很簡潔,主要以灰黑白組成,以陳列架、平台本身編排出動線,不特別再以牆面區隔,如此一來更能因應主題選物調配空間。

SPACE DISPLAY

叁 拾 選 物 的 空 間 陳 列 規 劃 術

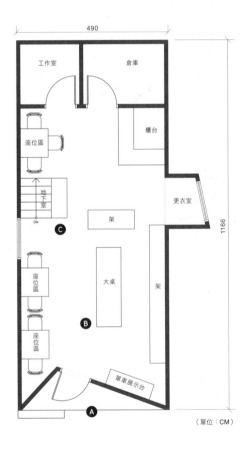

(單位:CM)

未來店內地下室將有展覽活動,加上主題選物希望客人花一時間欣賞,角落新增兩個小巧的座位區,可讓客人走逛之餘可以稍事歇息。供應飲品不少使用店內販售的食品雜貨製做,客人也可以先品嘗試味,再決定是否購買。

圓把剪刀

與禮拜文房具合作的選物，這把剪刀是台灣生產，獨特造型很吸睛。

1

2

Dulton 削鉛筆機

來自日本的復古削鉛筆機，八段式粗細削孔、電鍍的復古外型與木頭的握柄，讓削鉛筆的過程也是種享受！

SPECIAL ITEMS
參 拾 選 物 的 特 色 產 品

4

手工眼鏡、老眼鏡

身為資深眼鏡控的Issa，蒐羅不少早期老眼鏡，除了老品也有台灣手工眼鏡品牌glasense。

Alisan Dream Project

熱愛台灣的伊藤篤臣與阿里山咖啡農合作，不僅滋味好，更用充滿設計感的包裝說故事。

3

伊莉莎白辣醬

使用榨菜、蝦米、蒜末、芝麻等手工製作，嚐起來鹹酸微辣，能在彈指間為餐食增添滋味。

5

紅鐵皮底下的雜貨店使用最
低限的材料完成改造 也表
達不為設計而浪費的精神

FANTASTIC SHOP

04

繭 裏 子
TWINE

ADD
永康店：台北市大安區永康街二巷 3 號 1 樓
溫州店：台北市大安區溫州街七十四巷二弄 10 號 1 樓
（入口在 58 巷 6 號對面）

TEL
02-2395-6991 / 0922-890-689

TIME
週一 - 週日：12:00-22:00（永康）
12:00-21:00，每週三為店休日（溫州）

FACEBOOK/WEB
繭裏子（twine）
www.twine.com.tw

友善是一門好設計，也是一門好生意

雨天的午後，繭裏子的創辦人 Vinka 談著公平貿易設計，一邊用 Kalimba 熟練彈著小星星變奏曲。這個窄小的空間此時成了一艘太空船，運載著夢想前往宇宙深海。隱藏在商品背後的關懷，讓人們抓住瞬間溫暖，發現世界與人如此寂寞卻又如此相繫。就像，星星們從未斷了通訊，眨一眨眼，我們很有默契。

走訪多家生活器物店，無論在東部或南部，不難發現許多商家都引進繭裏子的商品，不容置疑，繭裏子是一個讓人喜愛的品牌。名字有點令人摸不著頭緒的繭裏子，藏身台北的溫州街巷裡，十分不起眼。那店面使用舊木料拼湊而成，破爛風格的外觀，有著不假修飾的可愛。若是走進店內，融合了世界各地傳統工藝的設計商品，例如印度 Tiffin 便當盒、馬克（Mug）陶器、Kalimba 椰子殼拇指琴、手製服裝，以及各式各樣使用天然素材編織的動物玩偶，這些商品都是台灣設計、與公平貿易組織合作生產，各個看來都十分獨特，且能喚醒人們純真的赤子之心。

用雙手將環保思維注入商品

繭裏子由兩位年輕建築師 Vinka 和 Liz 所創立，他們從建築轉戰到設計領域的故事，由一連串機緣巧合所促成。

二○○六年，Vinka 和 Liz 被工作室外派到中國一個叫「江陰」的小城市做都市設計案，一年後，兩人隨公司遷往上海，過著十分艱辛的海外生活。後來，因緣際會下，他們輾轉進入美籍建築師葉凱欣（Ben Wood）的事務所工作，兩人才從無止盡的加班生活解放，逐漸可以放慢腳步體驗生活。在上海工作期間，Vinka 和 Liz 受到 Ben Wood 融合環保概念的設計思維影響，加上同在事務所工作的幾位年輕同事也同樣熱愛手作，於是他們便利用工作閒暇之餘，共同經營了一間小賣鋪，販售自己手工生產的織品。

繭裏子的 三大獨創特色

❶ 不因設計而剝削生產者

繭裏子是台灣的公平貿易品牌，不少商品取得世界公平貿易組 WFTO 織認證，目前有 16 個國家 50 個公平貿易認證團體分別製作各種產品，每一項商品都符合規範，售價皆有一定比例回饋給生產者。

❷ 工藝、原創、環保的好設計

繭裏子相信一個好的設計產品是尊重環境與社會關懷，繭裏子設計的產品注重造型、手工、公平貿易和環境友善的概念，結合現代設計與傳統技術，強調自然材質，環保回收的生產方式，並確保所有產品的原創性。

❸ 台灣第一個 WFTO 會員

Eco-space design 是繭裏子的核心價值，繭裏子為世界公平貿易組織 WFTO 之認證會員，也是台灣第一個 WFTO 的公平貿易組織，不但設計並與公平貿易組織合作生產，並致力推動公平貿易理念。

繭裏子 TWINE 原指揉捻的麻繩，透過兩人的巧思，則蘊含了設計與手工結合的意義。

二〇一〇年，這間玩票性質的小店被一位香港建築師挖掘，並引薦前往參加環保設計展（Eco Design Fair）；那次的展覽交流對 Vinka 和 Liz 產生極大衝擊，使他們對設計開始有了不同的想法。是年 10 月參展過後，11 月兩人便決定辭職，12 月旋即搬回台灣，毅然放棄建築師工作，走上未知且陌生的商品設計之路。短短三個月內，人生方向大翻轉，Vinka 說：「打包回台灣的過程，發現過去職業生涯都在 40 個箱子中，感觸很深。」

● 公平貿易
是手創的最強後盾

兩人回到台灣後，考慮租金成本，選擇先在台中開店。繭裏子的第一個店面就在一中街巷子裡，由於商圈主要客層為年輕族群，推出的商品也以流

行感較重的手織飾品為主。創業初期，他們首要面臨的困境就是收入問題。前半年，兩人一方面得擺攤，一方面還得兼到市集擺攤，辛苦奔波的收入不多，勉強可以打平兩萬元店租。

繭裏子開始突破困境，則是在工作室在台北發展時期。二〇一一年 2 月，剛好朋友在台北中山區租下店面，想找人分租；毅然決然地，Vinka 和 Liz 將工作室遷到台北，放手一搏。隨著工作室搬遷（爾後又遷到永康街），繭裏子為了適應區域客群屬性改變，商品項目也逐漸擴展開來，從最早的服飾、有機棉產品，到後來陸續開發食器、木器、樂器、兒童玩具等，甚至開始小量引進食品，幾乎涵蓋生活所有面相。

每個手作品牌發展的過程中，最終得克服時間與量產問題，繭裏子不願隨品牌擴展而

1

3

2

1 尋常的物件背後都蘊藏著改
善世界的想法。
2 運用各種民族工藝做成的有
趣樂器。
3 兒童有機玩具系列使用了南
印度Channapatna的藍木和
天然的植物染色。

踏上品牌之路
增加能見度

在一次、兩次的合作中，繭
裏子深入了解公平貿易背後的
理念，觀察國外設計師如何與
公平貿易組織合作，並且嘗試
應用世界各地特有的材料與工
藝技術來進行設計。漸漸地，
繭裏子也就從手作轉型為設計
導向，走上台灣設計、世界生
產之路，成為台灣第一間加入
公平貿易組織的品牌。

近年來，隨著台灣雜貨舖
與文創商機大漲，市場對於手
作商品的需求量大增，繭裏子
的商品在台北兩間店面銷售之

放棄手工生產的初衷，而開始
向外尋求「手工素材」的支援
者。為了解決根本的素材取
得，他們偶然接觸公平貿易組
織，便思考是否能藉由公平貿
易組織來解決手工生產的瓶
頸。

4 Vinka 與 Liz 透過電子郵件,將台灣設計與國外公平貿易組織接軌。
5 使用天然植物染、有機棉或手織布設計的衣服。
6 尼泊爾手捻麻線,盡可能以不污染環境的方式生產。
7 盧安達合作社出口的公平貿易認證咖啡,透過消費回饋可改善小規模農戶的居住條件。

外,也藉由 Pinkoi 網路銷售,以及全台風格小賣店批售,品牌逐漸鋪展開來,銷售額也一口氣成長了五、六倍,甚至出現暢銷商品供不應求、得排單好幾個月的盛況。

繭裹子不僅主張設計要能友善人與環境,也認為消費者有權知道這些商品的利潤是否被妥善運用,而非剝削生產者。

所以不同於傳統商業模式,繭裹子在公平貿易生產組織規範下,做到財務公開透明,每一項商品的定價中至少要有 18% 回饋給生產者、28% 回饋給公平貿易生產組織,其餘才是品牌的營運成本與利潤。

懷抱著熱情與理想,繭裹子從擺攤一路發展成台灣公平貿易設計的領頭羊。至今,仍處於未支薪狀態的兩位創辦人,持續不斷愛著世界各地的工藝,並用很簡單卻引人的方式,將工藝變成了好玩的商品。

OPEN DATA

繭裹子的風格小店財務報告

DATA_4 營業收入分配圖

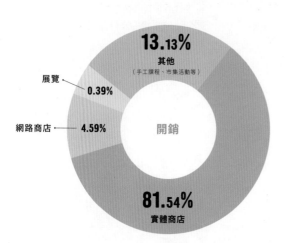

13.13% 其他
（手工課程、市集活動等）

展覽 0.39%

網路商店 4.59%

開銷

81.54% 實體商店

DATA_5 產品金額分配

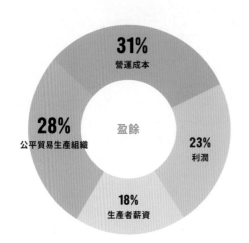

31% 營運成本

28% 公平貿易生產組織

盈餘

23% 利潤

18% 生產者薪資

DATA_1 基本費用（以溫州店為例）

● 空間規劃費：0 萬
（自行設計規劃）

● DISPLAY花費：15 萬

● 設備費：2 萬
（磨豆機，封口機，音響）

● 囤貨資金：100 萬

● 房租押金：5 萬

● 週轉金：50 萬／一年

● 改裝歷時：0.3 個月

DATA_2 營業額

● 年營業收入總額828 萬
（2013 年）

DATA_3 特色商品

服飾織品、生活用具、
兒童玩具、樂器、食品

> **加入世界公平貿易組織WFTO會員有何規範？**

A1　WFTO認為讓消費者有權知道成本利潤的分配，確保設計者能對於生產者有一定比例的支持。因此，WFTO會員每年都要提出報表，將過去認為的商業機密公開透明地告訴消費者，也讓大會了解設計者的財務狀況。由於我們每年都要製作財務報表，後來索性將報表結合產品型錄，方便通路挑選想要進貨的商品，也幫助商家了解產地、材質等特色。

OWNER

楊士翔 Vinka（35）
蔡宜穎 Liz（37）
創業資歷4年

Vinka & Liz 的

SHOP MANAGEMENT

繭 裏 子 的 Q & A

> **產品如此多元，該如何陳列與照顧？**

A2　我們的產品大多是手工生產，數量有限，流動很快，不擔心囤貨問題，反而是供不應求的狀況較多。兩間本店的空間都不大，陳列上也曾經嘗試走簡單風格，但是好賣的東西依然好賣，不好賣的產品還是留在那邊，後來就覺得即使不顯眼的商品也能當不錯的配角，就讓它持續留在架上。多元呈現的感覺是我們想要的，也是客人想體驗的。

> **公平貿易下的設計思維有何不同？**

A3　WFTO的設計思維與過去我們在建築領域建立的設計思維不同（尤其建築是一種極度高耗能的設計），強調每一樣設計商品的背後必須考慮到環境與在地經濟。每兩年的十月份我們會去參加WFTO會議與展覽，在展覽中我們學習很多，必須去理解設計原料是如何取得、生產的數量要能與耗能達到最有利環境的平衡、原料如何回收利用，是否能被分解；這些在WFTO下都有評分標準，必須逐一通過才能被歸納為環保設計。

SPACE DISPLAY
繭裹子的空間陳列規劃術

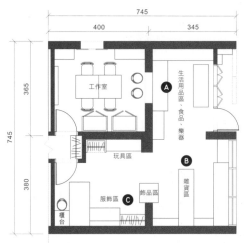

745
400 345
365
745
380

工作室 Ⓐ
生活用品區、食品、樂器
Ⓑ
玩具區
服飾區 Ⓒ 飾品區 雜貨區
櫃台

（單位：CM）

Ⓐ 保留老房子本身的舊式加蓋鐵皮屋，簡單粉刷打理之後，將屋子內部的門片與窗戶拆除，使院子與內部空間結合，運用原有格局自然將區隔為店鋪與工作室，人潮較淡的時候，可一邊工作，一邊看顧店面，節省人事成本。

Ⓑ 為了符合繭裹子精神，空間整理盡可能不訂製新的陳列架，減少材料浪費。風格營造大多採用佈置方式完成，大量使用老件，例如木箱、老門框、花窗、蒸籠架等，層次高低陳列，平台則是用小茶几或小桌子併成，可靈活調配。

Ⓒ 兩位創辦人本身擁有深厚的建築背景，許多細節可見此一特色。例如掛衣服的衣架使用水龍頭與水管彎接而成，不少牆面展示盒則是建築某部位的鐵構件，包括有趣的燈具等，都是使用最便宜且常見的五金材料做成。

1

Kalimba 拇指琴

Kalimba 為一種非洲的傳統樂器，使用拇指彈奏。此為印尼生產團體使用天然椰殼手工製作，搭配繭裏子的彩繪設計，彈奏起來更有趣！

手靠墊

繭裏子設計的手靠墊（眼枕）造型獨特可愛，因手工生產數量有限，是店內必須排隊等候的暢銷商品。

3

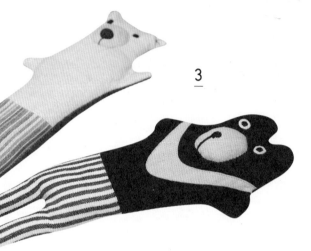

2

橄欖木餐具

肯亞公平貿易組織製作，
橄欖木紋路細緻、質地堅硬，
製作時無添加任何化學成分，生產目的是
為了幫助肯亞失學青少年，改善當地生產者的貧窮生活。

SPECIAL ITEMS
繭裏子的特色產品

5

馬克餐具

馬可（Mug）是印尼自16世紀初代代相傳的傳統陶藝，風格相當獨特，此與Lombok Pottery Center陶藝中心合作生產。

4

Tiffin 便當盒

英式印度語中的Tiffin，代表簡單午餐的意思，也是便當盒的意思。這款Tiffin與當地藝術家合作，加上植物性顏料手繪，各層不同色彩可以分層標示食物，可以當野餐盒使用。

FANTASTIC SHOP

05

溫事／米力雜貨鋪

ADD
台北市中山區中山北路一段33巷6號

TEL
02-2521-6917/935-991-315

TIME
週二-週六中午12:00-19:00

WEB
www.studioss.com

從網路到實體店鋪，雜貨之愛無國界

長期從事設計工作的米力與Rick，因對日本文化的熱愛
經常前往各地旅行，從而發現另一個世界的工藝價值。七
年前，他們透過網路無國界的服務，將所熱愛的事物介紹
給來自各地的朋友；三年前他們走向實體空間，透過面對
面深度傳達雜貨精神，成就了這個製造幸福感的空間。

插 畫家米力與網路設計師先生Rick開的生活雜貨店「溫事」，二○一三年底在中山北路的巷弄裡開張，玩雜貨超過10年的兩人，過去為了尋訪新的器物走踏日本各地，從日本的小野鹿燒，到民藝家作品，持續不斷將新發現的雜貨介紹給台灣的雜貨迷們。

過去七年，溫事一直以網路販售為主，經過多年醞釀，三年前他們為雜貨同好開辦了這個空間，舉辦各種講座、課程、展覽等分享活動；直到前年底，他們終於決定打開大門，呈現出兩人心中理想的雜貨店樣貌。溫事，也就成了台灣生活家們認識日本工藝作家們的場域。

● 熟悉商品也熟悉客人

「我們花了四、五年時間思考開店的事情，因為網路銷售只

1 撿鉛字過去是一門辛苦的行業，現在成了拜訪溫事必行的活動之一。
2 刻意選在遠離鬧區的巷弄開店，是為了篩選掉不對的客人。
3 溫事老闆Rick將愛器物雜貨的心情傳達到店裡，面對面的向客人介紹產品。

2

溫事／米力雜貨鋪 的

三大獨創特色

❶ 細緻入微的服務

經營了八年下來，米力與Rick建置了一套獨特的熟客資料系統，詳細記錄客戶購買項目，方便掌握熟客的喜好。除了實體服務外，網路銷售每次都會附贈不同的小卡，讓消費行為有更多故事與想像空間。

❷ 每月的策展活動

由於店鋪距離捷運站有段距離，米力與Rick希望客人特地前來不只可以購物，同時也能花點時間停留，欣賞新的事物。因此，樓上展覽空間的活動相當頻繁，幾乎一個月一檔，隨時來都有新鮮事發生。

❸ 不斷引進新作家

面對逐漸競爭的雜貨市場，米力與Rick的應變之道是不斷開發新的作家與商品，他們認為只要自己買回家的時候，都還能感覺開心興奮，那自然而然就能夠持續帶動消費。

能靠文字照片與客人溝通，難免無法準確傳達想法，再加上有很多趣聞想分享給客人，即使當時評估開雜貨店的利潤不高，但為了服務熟客，還是決定租了這個店面。」Rick說，當初會選擇這個地點，刻意遠離人潮洶湧的鬧區，距離遠離捷運站有一小段步行距離的巷子，主要是針對網路熟客經營。「因為距離較遠，鮮少觀光型的過路客，上門光顧的客人大多都是我們的目標消費者，客人經過篩選，也較能維持服務品質。」

以小屋為概念設計的店鋪，一樓做為器物賣鋪，裡頭有來自日本各地的陶藝、彩色玻璃切子、職人手刻木盤，還有蒐羅自各地的古紡針、鉛字、印章等古董，大長桌上定期以主題展方式介紹新引進的民藝家作品，林林總總至少上千件商品，讓人忍不住停下腳步研究。由於溫事所聘用的店員職

前都經過半年以上訓練，對於器物的產地、製程、風土故事相當熟悉，不僅隨時提供詳細介紹，甚至可提供專業的搭配建議。隱藏在店鋪的二樓空間則規劃為展覽空間，定期有米力與Rick策劃的主題展，從開店至今，已辦過古印章展、畫展、唱片展等，一個月一檔的頻繁策展，這另類的消費體驗成了小店一大特色。

Rick說：「辦展的目的不只為了吸引客人，而是每辦一次展覽，就些內容就會變成血肉的一部分，透過辦展成為讓店成長的方法。」

📍 推廣雜貨概念不遺餘力

開店的前半年屬於開心階段，接下來就面臨嚴峻的考驗。為了維持店內商品的新鮮感，以及避免與同業引進品牌重疊，米力持續不斷尋找新作

4 Rick 自海外覓得的古董留聲機是溫事的鎮店之寶。
5 展覽小屋的牆面上貼滿從開幕以來舉過的展覽小卡。
6 溫暖小屋概念的展間，使用大量舊木料回收打造，正
展出古董 SP 唱片。
7 很難想像過去這房子是餐飲店，充滿油煙與蟑螂。

家，大約兩、三個月便要出國取材。不過要與日本創作者談海外銷售何其容易，尤其語言隔閡更增加了困難度。起初，他們透過一位熟悉領域的在地朋友接洽後再透過電話跟電子郵件溝通，漸漸取得對方信任，才得以將作品引渡到台灣來。

　大約經過五年時間的震盪，合作的創作者與陶工坊才逐漸穩定，拓展的腳步才跟著加快。然而，做為走在市場前端的領頭羊，勢必擔負起市場教育工作。舉例來說，在紙膠帶尚未流行時，他們鎖定店家老闆或雜貨興趣者舉辦雜貨體驗，透過意見領袖的傳播，將新的雜貨概念傳達出去。就算只引進30～40件的商品，也必須花費很多時間拍攝商品，一來為了呈現商品美感，二來也是介紹消費者怎麼使用；曾經他們光是為了示範一條手拭巾的用法，拍攝了包巾、便當袋、桌巾等各種用法，絞盡腦汁讓客人可以透過影像便能清楚了解商品的特色。

8 角落蒐集日本名窯出品的珍稀茶碗。

9 實木大長桌以小型展覽方式介紹作家新品。

妥善行銷
不讓囤貨成為阻力

　創業初期，米力與Rick只把雜貨生意當成興趣，偶然出國多買幾件回來，大多只能賣朋友們。隨著愛好者眾，囤貨資金從剛開始的幾千塊，到今日固定投注日幣100萬（約台幣30～40萬），他們將賣出所得的收入做為購買新商品的資金，以這筆金額循環使用，不停引進新的作家。

　要能如此精確且暢然地運用囤貨資金，主要在於溫事長期經營熟客，深知其中竅門，可以使網路行銷快速動員。「我們一開始就知道這些作家的產量有限，而我們的資本也無法走大量銷售的路線。因此，我們通常一次最多只買入300件商品，首先會針對熟客發佈網購訊息，通常星期天上架，隔天就已經銷售一空，只保留一、兩組在實體店面展售，我們最常遇到消費者搶不到貨的問題，而沒有滯銷風險。」

　從網路經營到實體，Rick覺得實體商店有如個人生命歷程的集大成，你得用盡一切所愛、所知、所學的，才能將空間揉成你想要的樣子；簡單來說，開店就是店主的才藝秀，段子越多越有趣的人，才能在舞台上待得久。

OPEN DATA
溫事／米力雜貨鋪的風格小店財務報告

DATA_3 產品暢銷比例

日本民藝陶磁	60%
手雕木道具	10%
茶道用具	10%
廚房用品	10%
活版道具	10%

DATA_4 營業收支圖

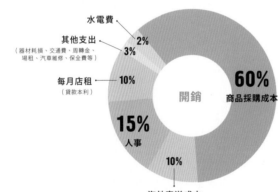

水電費 2%
其他支出 3%
（器材耗損、交通費、周轉金、場租、汽車維修、保全費等）
每月店租 10%（貸款本利）
開銷
60% 商品採購成本
15% 人事
10% 海外寄送成本

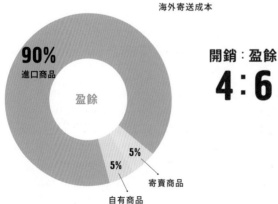

90% 進口商品
盈餘
5% 寄賣商品
5% 自有商品

開銷：盈餘
4:6

DATA_1 基本費用

● 空間規劃費：80萬
（老屋改裝結構費用）

● DISPLAY花費：30萬

● 設備費：10萬

● 囤貨資金：100萬

● 房租與押金：300萬／5年

● 週轉金：暫不提供

● 改裝歷時：2個月

DATA_2 特色商品

日本民藝陶磁、茶道用具、
木線軸、活版道具、
手雕木道具、
古唱片＆留聲機

宣傳與客戶經營心法？

A1 我們的方式是獨一無二的，從來不做行銷與廣告，只是透過我們自己的FB、部落格、網站、店面去傳達我們的訊息與理念，大部分的朋友都是長期關注我們的消息與動態，透過交易與信件往來的過程，一步步與客戶間產生信任與連結，與客戶間的關係就像朋友般地熟識。我們不做百貨公司的經營方式，而是每週僅推出 1 ～ 2 項的新商品企畫，大家在週日時開始集中採購我們所介紹的事物，熱門的商品幾乎是當天就會售完。

空間調動頻率似乎很高？

A2 開實體店其中之一的目的，是因為我和米力想要一個空間，將多年來對於雜貨、古董、茶道、花道等生活體驗分享給更多人，同時也可以將身邊有趣的人事物介紹給熟客。我們希望客人來不只是買東西，也能獲得新知識，所以我們用主題式來介紹新品，也經常利用展覽來變換空間，無論樓上或樓下的空間大約每一個月會有一次大的調動，樓下長桌 7 ～ 14 天會有一次大變化。

OWNER

Rick（45）
創業資歷 7 年

Rick 的
SHOP MANAGEMENT
溫事／米力雜貨鋪的 Q & A

面對庫存如何處理？

A3 我們也有賣了六、七年還沒賣完的產品，這些商品雖然動得速度很慢，但因為我們覺得都是自己很喜歡的好東西，不會因為還沒找到主人就想將它們折價出清。我們寧可放著慢慢賣，或者在適當時機送給熟客或朋友當禮物。這樣對待庫存商品的方式反而是我們比較想要的。

創業所進行的準備？

A4 在創業前所進行的準備其實是累積對日本文化與工藝品的收集與認識，前往各地旅行並收集大量的器物，大概花了十年以上的時間。創業剛開始的時候只準備了 30 萬的資金，再加上銀行貸款 100 萬就開始了。

SPACE DISPLAY
溫事／米力雜貨鋪的空間陳列規劃術

2F

- 327
- 110
- 373
- 2F展覽空間
-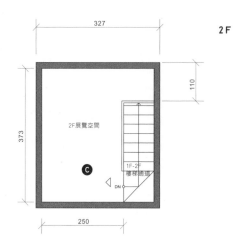
- 1F-2F 樓梯通道
- DN
- 250

1F

- 327
- 入口
- UP
- 木道具
- 文具印刷道具
- 卡片
- 1F-2F 樓梯通道
- 布類道具 設計類商品
- 印章
- 印刷活字區
- 日本陶藝作品
- 綜合陳列
- 主題展覽區
- 玻璃器物
- 廚房道具
- 茶道具
- 包裝工具區
- 廚房
- 廁所

（單位：CM）

空間加入大量古董元素，從陳列商品用的古董櫃、老抽屜、花紋玻璃窗框，到擺設用的經典老件沙發、年代久遠的留聲機等，這些元素讓商品以外的角落也有可看性，吸引客人東把玩、西把玩地佇足，增加停留的時間。

店面是超過60年以上的老宅，具有獨特的空間結構，整體設計上希望保留當初的結構面貌，從一樓天花板的部分保留原始的木造結構，入口處的天花板則是保留了原始的壁面斑剝味道，原本熱炒店的門面變成櫥窗，將入口改在側面，增加隱密感。

希望人們來到溫事可以放下都市的吵雜紛擾，感受寧靜的空間氛圍。二樓的空間採用古董老窗框木料進行拼圖式的拼接處理，營造出閣樓般的秘密空間，表達對老東西的重視與價值。這裡主要做為展覽空間，大約每一個月換展一次。

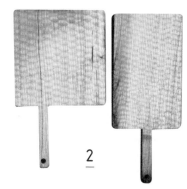

手雕核桃木托盤

小澤賢一的手雕核桃木托盤，由個人工作坊一個人一片片手工雕刻，充滿手感的刻痕，必須經過漫長時間才能完成。

2

1
手拭巾

手拭巾從日本江戶時期的禮物包裝概念沿襲至今，如今可廣泛使用當成圍巾、手帕、頭巾、桌墊、家事布、布料拼布，也可以裱裝後掛在室內當作裝飾。

SPECIAL ITEMS
溫事／米力雜貨鋪的特色產品

3
古董線捲

米力偏愛的商品之一，陳列細心擺上小冊教學，推廣再利用成筆插、置物架、名片架、膠帶架，或是當成牆壁上的掛勾來使用。

4
彩色切子

溫事收集了許多日本傳統的玻璃杯，那杯身上閃耀的切割線條是使用切子技法完成，必須手工一條條切出，相當細緻。

5　小鹿田燒

被日本民藝之父柳宗悅評為世界一的民陶，保留300年前小石原燒的傳統陶藝做法，是日本國家指定的重要無形文化財。

三角窗店面裝上寶藍復古門片
引進大量自然光

FANTASTIC SHOP

06

花蓮日日
HUALIENDAILY

建立平價質感生活，從日日用好物做起

培養美學要從日常開始，這是花蓮日日開宗明義的經營哲學。抱持
著日日用好物的精神，這間小店以平常心價格供應良質用品，成為
台灣鄉下好物的暢貨中心，讓花蓮人不再屈就於五金行與大賣場。

走

在花蓮節約街上，一間三角窗店面吸引過往迎來的目光。這老式洋房的門面鑲嵌著寶藍色戶牖，洋溢出近似法式情懷的浪漫風格，教人一見心喜。誰能想到，這房子過去是一間庸俗平凡的彩券行，販售的快樂全然建立在手氣之上；如今，這間賣鋪變成了生活選物店，買賣交易不再需要憑運氣，那杯盤碗缽早已盛滿著無數小喜悅，就等待有心人紫紫實實地打包帶走。

美再度煥發。

有別於定位為在地禮品鋪的，花蓮另一什物店叫阿之寶或有禮，花蓮日日以生活概念為出發，內部五個樓層分別依照「日日物」、「日日食」、「日日住」概念規劃，一樓是針對在地人而設的生活道具賣鋪，二樓則是預計規劃為輕食餐廳（尚未開張）三樓至五樓則是提供旅人生活的民宿空間。

取名「日日」，顧名思義是隱含善待生活的期許。尤其一樓賣鋪所挑選的物件多是圍繞著生活出發，且大多數是與「食」相關的道具，包含公平交易的提袋、純天然的清潔用品、環保材質的湯匙、餐瓷器皿等。負責賣賣鋪選物的大書說：「我們認為要照顧一個家庭，首先要從關心煮飯的人開始。花蓮日日的選物宗旨是希望取悅家中的料理長，然後藉此將愉悅的

💧 實踐理念從食開始

花蓮日日背後的創辦伙伴都非花蓮本地人，而是後來才搬到花蓮的島內新移民。創辦人之中的兩位，包含創辦 O'rip 有禮的蘇素敏，與兼任一樓賣鋪店長的大書，她們和幾位朋友合夥租下這間頗有歷史的洋房，並花上半年時間整修打理，讓老房子塵蒙的心情渲染給家中其他成員。」

ADD
花蓮市節約街37號

TEL
03-831-1770

TIME
週一-週日：11:30-20:00

FACEBOOK
花蓮日日/Hualiendaily

花蓮日日的
三大獨創特色

❶ 定價合理親切
日日的客人多半是生活在花蓮的居民，想要推廣好用商品，大書希望在價格上別太刁難，買得下手、心裡用來感覺自在才是最重要的。食器訂價以100～300元為主力，甚至也有百元內商品，要求品質與設計之外，價差也要在花蓮人可接受的範圍內。

❷ 蒐羅台灣鄉下好物
環保的竹製餐具、藺草編織的室內拖鞋、天然無毒的蚊香、花蓮在地的手工皂等，並且也引進台灣在地設計師品牌，例如主張公平貿易的繭裹子、Loppy鹿皮設計的趣味商品等。除了這些，還有充滿台灣特色的在地商品。

❸ 食器選物中西合璧
為方便各國料理搭配，店內中式與西式餐具都有，多來自台灣、日本、瑞典、英國等國，進口食器部份是挑選自代理商，而英國或瑞典的商品則是請熟人特別選貨海運回國，為店內限量商品。

過去不起眼的彩券行，如今成了浪漫的器物店。

審慎評估煥然舊時美學

遊走在花蓮日日之中，大書表示，這棟老房子過去是花蓮望族的故居，當初整修之時便請師傅仔細保留原屋特色，從每層樓不同風格的地磚、房間遺留的空調開關，以及泥作浴缸爐台等細節，就能感受舊時花蓮的房租、人事成本沒有台北來得高，但要打理這一棟大宅院也非易事，尤其老舊的管線設備必須全面更新，光是整修便是一筆不小的開支。

大書表示，由於花蓮日日的股東們有一半來自文創業、有一半來自服務業，多少都有過創業經驗，因此自理出一套開店模式。在開店前，他們事先請來專家進行評估，依照整修費用、營運成本擬出所需資本大約400萬，並採用股份方式定出每股40萬，讓每位股東大約400萬，並採用股份方式定出每股40萬，讓每位股東轉金。」

視經濟能力來認股。大書說：「整體而言，裝潢費用〈包含拆除清運、硬體設備與油漆木作〉控制在200萬以內，而二樓與三樓所需的傢俱、生活家電與佈置物，大約花費100萬，扣除一樓賣鋪囤貨的30萬與房租押金兩個月，大約留70萬做為週轉金。」

在地經營的平價良品

在選物上，身為高雄人的大書特別喜愛從台灣鄉下尋找傳統工藝製做的生活道具，例如環保的竹製餐具、藺草編織的室內拖鞋、大然無毒的蚊香、花蓮在地的手工皂等，並且也

1 角落點綴台灣老家具，更加提煉出老房子的韻味。

2 三樓公共空間以餐桌為主角，讓背包客有交流聊天的場所。

3 穿堂走廊改造為小書房，讓住宿旅人有安靜獨處的空間。

4 整修老屋拆下的鐵花窗，改造為商品展示架。

5 高低設計的長桌，高台上展示今季推廣的木竹餐具。

6 二樓預計規劃為餐飲空間，地面復古花磚相當別緻。

引進台灣在地設計師品牌，例如主張公平貿易的繭裹子、Loppy鹿皮設計的趣味商品等。除了這些充滿台灣特色的在地商品，中央大桌上有來自台灣、日本、瑞典等國的各種食器，如醬油碟、手拿杯、蛋糕盅、餐盤等，琳瑯滿目，讓人愛不釋手。

為了推廣日日用好物的精神，大書在花蓮人可接受的價格價差範圍內，用心尋找具有工藝美感的生活器物。「舉例來說，若只要多花50元不到，就能擁有一支稍具質感與設計感的竹飯匙，附贈無價的愉悅好心情，像這樣可被接受的價差，就算精打細算的媽媽們也能認同。」由於花蓮日日的定價策略具有說服力，使得當地習慣上五金行或大賣場採買的主婦，漸而養成新的消費習慣，使小店成為花蓮居民採買生活用品的新選擇。

OPEN DATA
花 蓮 日 日 的 風 格 小 店 財 務 報 告

DATA_3 產品暢銷比例

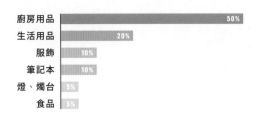

- 廚房用品   50%
- 生活用品   20%
- 服飾   10%
- 筆記本   10%
- 燈、燭台   5%
- 食品   5%

DATA_1 基本費用

● 空間規劃費：200 萬
（老屋改裝結構費用）

● DISPLAY 設備費花費：100 萬
（家具、佈置物）

● 囤貨資金：30 萬

● 房租押金：押金 2 個月

● 週轉金：70 萬

● 改裝歷時：6 個月

DATA_2 主力商品

**廚房道具、餐具、
日用品、民宿**

DATA_4 營業收入分配圖

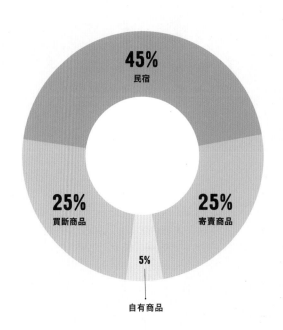

45%
民宿

25%
買斷商品

25%
寄賣商品

5%
自有商品

> **租店面要如何談判？**

A1 如果房子是自己的最好，如果店面是租的，務必要簽條約；且最好不要只簽一年或一年一簽，就怕投入的裝潢費還沒回收，房東就要收回房子，肯定血本無歸。確定物件之後，建議簽約前請設計師或師傅來評估，是否有嚴重漏水或壁癌問題，了解未來可以能花費的金額，需要簽幾年約才能攤提。房子的缺點是談判的條件，尤其需要大工程翻修的時候，可和房東談正式營業前的裝潢期能否半價租賃。

OWNER

大書（六年級生）
創業資歷 1 年

大書的
SHOP MANAGEMENT
花 蓮 日 日 的 Q & A

> **如何讓商品陳列吸引人？**

A2 商品陳列可回到採購面討論，挑選不同品牌商品時，有時會思考質料特性，若可與他牌呼應，擺起來自然能塑造一系列感。比較新的商品通常會擺在最顯眼的桌上，絕對不會擺在桌子底下。陳列時，我會依照色彩來區分，但要注意不同色彩有強弱之分，應該避免互搶，還有極設計感與極樸實的商品不能擺在一起，視覺感強的商品會吃掉鄰近商品的特色。賣場燈光盡量不要使用白光，亮晃晃會有種原形畢露的感覺，黃光的效果會較好。

> **店鋪與民宿經營最大差異為何？**

A3 民宿所挹注的資金看似龐大，但投資都是在最一開始就到位，經營後只有水電、瓦斯、早餐等小額開支，營運與財務管理較為單純。樓下的雜貨舖的囤貨成本雖然不高，但每個月有進貨、售出、寄賣、換貨等，帳務較複雜，所耗費的精神也較多。

這棟老洋房位在街的轉角，特殊的三角窗店面原本是一間彩券行承租，除了鐵捲門沒有其他裝潢。設計師為三角窗設計寶藍色法式復古門片，保持三面採光的優勢，使一樓商品可以大幅度對外展示。

由於花蓮日日複合了選物店與民宿兩種不同機能，空間規劃必須顧及安全與管理。房子設計時，特別規劃了兩個入口，三角窗大門為店鋪入口，另有直通樓梯的側門，方便店鋪關門時，旅人可獨立出入，平時也避免干擾店鋪經營。

老陽房二樓以上空間做為民宿，由於這棟老房子過去是當地仕紳所有，做為大家族的居所，幾乎每個房間是套房規劃，相當罕見。因此，空間設計絕大部分仍保留原始格局，使旅人仍可感受老屋風情。

SPACE DISPLAY
花 蓮 日 日 的 空 間 陳 列 規 劃 術

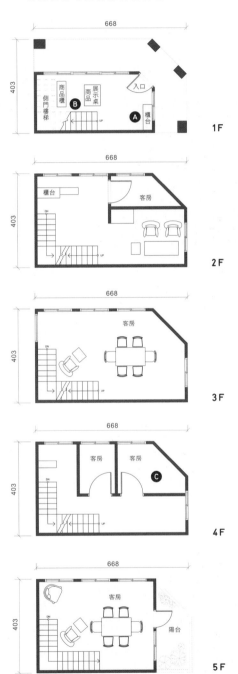

（單位：CM）

SPECIAL ITEMS
花蓮日日的特色產品

1

Loppy 鹿皮

年輕設計師品牌 Loppy 從插畫創作
延伸出各種趣味商品,將令人快樂的
事物融入包包、服飾、文具設計。

2

評芳家手工皂

在地手工皂品牌,堅持友善、天然、無添加製作
各種家事皂、固體皂。液體皂更是獨家品項。

藺草用品

3

藺草編織是台灣即將失傳的工
藝,大書下鄉時偶然發現,特
別引進到東部,十分耐用的藺
草拖鞋當室內拖涼爽又排汗。

4

繭裏子

引進北部公平貿易設計品
牌繭裏子的手作商品,意
外受到當地人喜愛。

5　有田燒

店內販售器品大多來自台灣
與日本,託友人自日本購入
的有田燒醬料碟、小皿,色
彩繽紛有如盛開的小花。

FANTASTIC SHOP

07

餐桌上的鹿早

ADD
台南市衛民街70巷30號

TEL
0919-633-225

TIME
13:00-16:00

FACEBOOK
餐桌上的鹿早

從茶屋的好品味開始，衍伸出風格餐具店

一場偶然的餐具拍賣會，意外觸發台南尚未被開發的餐具專賣市場。充滿創意的七年級生黃紹琪，刻意選在巷弄裡開店，從鹿早茶屋一路到餐桌上的鹿早，他不跟隨一窩蜂潮流，鎖定台南未開發的市場，在衛民街巷弄翻紅了起來！

從衛民街接往民族路的70巷，夾生在頹圮老屋之間，一如台南無數默默無聞的街巷。然而，七年級的黃紹琪從「鹿早茶屋」、「餐桌上的鹿早」、即將開張的聖代甜點店，甚至三角路口還有一間整修中的日式小屋（尚未公佈營運方向），他用一個個的亮點串聯出小巷商機，也讓台南巷弄更添興味！

刻意選在這條祕巷開店，黃紹琪說，由於自家就住在衛民路上，小時候巷弄就是他的遊樂場；因為熟悉區域關係，進而發現這條巷子雖小，卻是當地人往來百貨公司與停車場之間的捷徑，假日人潮並不少。

「若是這條巷裡能有幾間有意思的小店該有多好！」從這樣的想法出發，直到有了資金，他便鎖定巷弄開店，而那意外發現的驚喜感，便成了成功的最大原因。

1 這棟狹小破舊、位處畸零的老房子，在黃紹琪眼中卻是可愛得很。
2 鹿早茶屋原本早有人承租，當黃紹琪盼到房東貼出招租公告時，便立刻下手搶得低廉租金。
3 念舊懷舊的黃紹琪不僅喜歡收藏老玩意兒，更夢想能住進老房子裡，用自己多年收藏的傢俬佈置出夢想的空間。

餐桌上的鹿早的 **三大獨創特色**

❶ 日本進口餐具

餐桌上的鹿早選物風格延續鹿早茶屋，風格偏向日式，配合台灣本地的多家日本餐具經銷商，透過選物方式，整理出符合茶屋精神的餐具，餐瓷類商品價格定在150～300元不等，最貴的琺瑯鍋也不超過1000元。

❷ 絕版庫存品

喜愛鹿早茶屋的消費者大多是被空間復古風格所吸引，因此有不少顧客本身也喜愛收藏古物，針對這些消費能力較高的熟客，餐桌上的鹿早四處尋找老店，收購僅存的庫存餐具，這些雖然都是新品，但設計卻已經絕版，稀少罕見，利潤也較高。

❸ 拍賣促銷不間斷

為了讓店內商品輪轉率高，賣剩下的餐具都以零碼餐具方式促銷，藉由折扣吸引消費者到店選貨，出清庫存貨的好處是可以快速變現，減少庫存，也能讓新的商品進來，讓店內新鮮感不斷。

從小細節嗅出潛在市場

二〇一〇年12月，在老屋開店風潮未興時，黃紹琪在朋友的介紹下，發現三角巷口上一棟老洋房，因坪數狹小畸零，加上屋況不佳，他便以極為低廉的價格承租了下來。由於租金壓力小，黃紹琪選擇沒有壓力的一人經營模式，簡單將二樓鋪上榻榻米，打理為茶室，沒客人的時候就在門口掛上「想喝茶請打手機」的牌子，依舊維持自由自在的生活。半年後，隨著茶屋名氣漸響，來客數增加，他才陸續在一樓增加吧台座位，並決定聘請員工分攤工作，這才漸漸收起隨興的態度，仔細計算成本開銷、定下營業時間。

經營茶屋時，注重手作料理的黃紹琪，相當注重餐具搭配，因而養成定期採購餐具的習慣。久之，茶屋囤積大量餐盤，引起許多熟客興趣，服務人員經常接受到「是否能購買茶屋使用餐具」這類的詢問。

在順水推舟情勢之下，黃紹琪試著辦起二手餐具拍賣會，並藉此出清過多的餐盤存貨。沒想到，這樣的活動意外獲得好評。漸漸地，拍賣活動從不定期變成了常態，而黃紹琪也由此嗅聞出潛在市場的存在。

古董商行經驗 觀察消費心理學

其實在開設餐具店之前，黃紹琪也曾在巷弄裡經營古董商行。在經營古董商行期間，他觀察到店內商品銷售反應最好的，往往是實用性的餐具杯碗。

他說：「古董的消費族群大多是開店老闆，購買目的不外乎是為了裝潢空間用，整體來說雖然一次消費的金額較高，但相對來店頻率也不高。古董

4 宛如回到舊時代的老空間。
5.6 黃紹琪省下空間裝修費，將售價直接回饋給客人，唯有物超所值才能打動精明的台南消費者。

若想吸引專業買家，不但品項特殊的古物難尋，供貨不穩定，所投注的時間精力更可能與利潤不成正比；若想賣給一般消費者，又難克服二手貨的心理障礙。」

從古董商行累積的心法，讓他徹悟到一間店難以討好兩種市場，索性歸結出以賣新品為主的餐具專門店。如今，由鹿早茶屋而衍生的餐桌上的鹿早，主要以日本進口餐瓷為主，部分則是黃紹琪向台灣老鋪收購庫存新品，僅有少部分為古董食器。黃紹琪說：「餐具講究衛生，一般食物會直接接觸的餐具通常是新品，或沒使用過的庫存品，至於不直接接觸食物的食器，如托盤、杯墊等，客人能接受使用古董。」

▶ 超值美學突破精打細算門檻

品項上，餐桌上的鹿早依照

7 洋式四面光玻璃櫃中展示黃紹琪自老餐具行收購的絕版庫存老品，款式經典稀有。
8 和風精神從一只小小的門鈴就能顯見。
9 早期生產的彩色玻璃餐具，材質厚實，色彩飽滿，今日來看依舊很當代。
10 古董小櫃的沉靜頗能襯托器皿的質氣。

玻璃、木頭、陶瓷、琺瑯等不同材質分類。風格上，餐盤樣式簡單經典，無論東方或西方料理皆好配搭。除了美感，想打動台南消費者，最重要的還是定價策略。舉例來說，餐桌上的鹿早最大宗的商品是餐瓷類，價格多介於 60～200 元之間，即便是最高價的琺瑯鍋具也定價在千元以下。除了質感到位，黃紹琪掌握物超所值的心理，加上頻繁的折扣活動、零碼餐具拍賣，為消費者製造多多光顧的藉口，使小店短時間便能生意活絡。

　當滿街都是咖啡館的時候，黃紹琪選擇開茶屋；當古董家具店大流行的時候，他反而獨賣新品餐瓷。黃紹琪鎖定切入空缺的機會市場，如今，餐桌上的鹿早以質佳價美的聞名，配合檔檔誘人的折扣活動，超強人氣正迅速在台南年輕族群間傳播開來。

OPEN DATA

餐 桌 上 的 鹿 早 的 風 格 小 店 財 務 報 告

DATA_3 產品暢銷比例

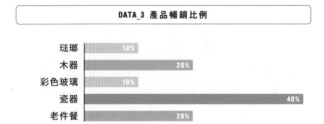

琺瑯	10%
木器	20%
彩色玻璃	10%
瓷器	40%
老件餐	20%

DATA_4 營業收支圖

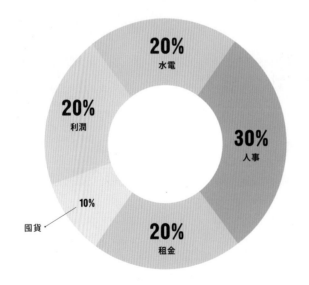

20% 水電
20% 利潤
30% 人事
10% 囤貨
20% 租金

DATA_1 基本費用

● 空間規劃費：10 萬

● DISPLAY 花費：5 萬

● 設備費：0 萬

● 囤貨資金：10 萬

● 房租押金：2 萬

● 週轉金：5 萬

● 改裝歷時：2 個月

DATA_2 特色商品

餐 飲 、 生 活 食 器

整理空間的策略性？

A1 很多人開店都認為一開始就要花大錢把空間裝潢得美輪美奐，剛開始創業資金不多時，我認為空間整理不必一次到位。整理空間的方法有很多方式，鹿早茶屋採用分段進行。一開始，我先整理二樓，直到客流量夠，才在一樓增加吧檯與坐位區。資本額不大的獨立小店，分階段改造遠勝於一次到位。若客流量還不到就先把空間整理起來，只是徒增成本壓力。

如何降低開店成本？

A2 租金是開店最大筆的支出。兩、三年前台南還不流行老屋改造，老房子沒有人要租，租金非常便宜；而租老房子是因為資金不夠、迫不得已的選擇，甚至當時租老屋還會被長輩笑。不過因為早進場，搶得先利，讓開店的成本大為降低。不過承租老屋的改裝預算最難掌握，萬一有嚴重漏水或結構問題，裝修花費有時甚至讓人掉下巴，打契約前不得不小心。

OWNER

黃紹琪
創業資歷 3 年

黃紹琪的

SHOP MANAGEMENT
餐桌上的鹿早的 Q & A

如何宣傳招攬客人？

A3 鹿早茶屋剛開始經營沒有錢發傳單打廣告，行銷都是靠網路部落客介紹。有了臉書之後，我們開始用臉書找客人，陸續舉辦餐具拍賣活動，也成了一個招攬客人來店的方式。有一段時間餐具的買賣是採網購，網路拍賣的重點是餐具必須搭配食物拍照，圖片漂亮自然能吸引目光，也能增加使用上的想像。但因為寄送風險太大，才考慮開實體店。

沒有前例可參考情況下，如何確定開店會有生意？

A4 越大眾的市場競爭越多，餐具屬於小眾市場，剛好在台南相似的店也不多，可以避開競爭。在開店之前，因為拍賣會關係，我確定我能掌控的客人有一定數量，計算之後，只要能穩定掌握熟客就能打平成本，所以就決定開店。

SPACE DISPLAY
餐桌上的鹿早的空間陳列規劃術

倉庫

古董文具

庫存品區

壁櫃Ⓐ

Ⓐ

花茶咖啡杯

餐桌 Ⓒ

餐具&日本碗   玻璃類

古董、櫃展示

Ⓑ

540

480

534

（單位：CM）

Ⓐ

為了節省空間的裝修費用，盡可能以刷漆方式來修飾，能用的老壁櫃也善加利用，可以節省成本。黃紹琪將老壁櫃重新上漆，搶眼的藍色讓舊有的櫃體新穎了起來，跳色效果也很好。

Ⓑ

盡可能使用活動家具也是節省成本的好方法，例如過去開古董店所用的木櫃因為不是固定裝潢，結束營業後還可以搬到另一個空間繼續使用，尤其小型櫃可以靈活堆疊，而用古董木櫃來陳列餐具，也能提生產品的質感。

Ⓒ

餐桌上的鹿早既然是販售生活食器為主，黃紹琪空間陳列的設定便是以餐桌為主題，房子中央的古董大餐桌是主舞台，販售人氣最高的餐盤與小器皿，讓琳瑯滿目的花樣各自爭豔，勾引消費者衝動購買的慾望。

SPECIAL ITEMS
餐桌上的鹿早的特色產品

1

彩色玻璃系列

夏天食器的王者非玻璃類莫屬，青色、粉色、綠色等彩色玻璃盤，映照出美麗的光芒。

2

木餐具

各種不同尺寸的木製湯匙，雖不是手刻製作，但價格相當便宜，很好入手。

3

木便當盒

作工細膩的木片便當盒，洋溢自然感；若包上手拭巾提出門，肯定一整天都充滿了喜悅。

4

琺瑯鍋

濃濃阿嬤時代風情的琺瑯鍋，是店主自老舖搜得的庫存品，千元以內價格相當超值。

5

日本碗

邊櫃底下陳列的器物以日本碗與中式飯碗為主，主打復古風，花紋形制較傳統。

藍色與橘色大膽對比，
展現出老屋的新精神。

CameZa +

ADD
台中市西區五權西五街20巷7號

TEL
0911-951-721

TIME
11:00-20:00，週五、週六延長營業至21:00
週一休

BLOG
camezaplus.blogspot.com

支持台灣設計，為理想而任性

在忠信市場發跡的CameZa+，是由阿德與太太Bow
共同經營的設計雜貨鋪。在風格獨特的美軍宿舍內，
他們集合了所愛的老件雜貨與拍立得之外，並朝向推
廣台灣設計師商品，希望成為相對Pinkoi的實體平台。

二〇一〇年，從事景觀工程的阿德在台中忠信市場內租了一角，利用下班閒暇時間經營寫真庶務所 Cameza Square，闢建了一處拍立得同好的交流聚所；不久後，著迷於老件雜貨的他又在市場入口處便宜租下另一個空間，開了間小小的雜貨舖 CameZa+，半買賣半展示地分享所愛。

過去，阿德所經營的寫真庶務所 Cameza Square 與雜貨舖 CameZa+ 都在忠信市場內。這兩個微空間經營了一、兩年後，阿德決定將 CameZa+ 搬遷到五權西五街 20 巷的老房子內。提到 CameZa+ 的擴充，那是偶然一次大夥聊到老房子議題，才知道友人有棟閒置的老房子。阿德說：「當我看到這棟房子，突然有種『時候到了』的感覺，馬上就簽下七年租約，決定將 CameZa+ 從忠信市場遷到這裡。」

海內外設計商品大會合

阿德燃燒薪水從小空間玩到大宅院的舉動，在台中引起一番熱烈討論。為籌措擴店資金，阿德出清多年來收藏的老相機，賣了兩百多萬，加上一部份貸款，換得擴大營運的資金。

這棟前身為美軍宿舍的老屋，有著大膽的開窗與露臺，格局跳脫台味。阿德在原架構底下，以黑色、寶藍、橘色的鮮豔配色，一改早期他在忠信市場裡的舊木料拼裝技法，走出截然不同的風格。他說：「老房子裝修何必一定要復舊？這房子本身很有洋味，我想試著玩出不一樣的味道。」

改裝了將近七個月，脫胎換骨的 CameZa+ 完整展現阿德心中對於 Select Shop 的想法。黃色亮眼的 Bumling Lamp 下，北歐老餐桌上陳列著各式生

1 CameZa+ 最特別的老件琺瑯，連不少收藏家都覺得讚嘆。二樓廚房簡直是使用老件琺瑯完美下廚的最佳示範。
2 CameZa+ 隱藏在幕後的推手阿德。

CameZa+ 的
三大獨創特色

❶ 好入手的老件家具

CameZa+ 主張家具應該是有溫度可以讓人自在使用，而不是擺著看漂亮的。因此，進口老件家具刻意不選昂貴的設計師款，選擇具實用性，一樣美型，線條可能不夠完美，但卻可以少花一點錢。老件家具目前主打北歐，未來則將進口法國與美國款。

❷ 嚴選台灣設計師商品

有志推廣台灣設計師商品，店內陳列隱藏不少具有台灣血統的商品，懸掛的木吊燈是物外設計出品，而店員穿的是 Poete i 的手作圍裙，實際展現台灣出品在空間中，與歐美設計絲毫不違和。

❸ 海外商品獨特性強

鍾愛琺瑯的阿德對老件研究多年，店內諸如 Dansk、Cathrineholm 品牌的老件商品，是行家一眼驚豔的稀罕商品。此外，他也從網路各管道挖掘日本 Meister Hand UN CAFÉ、LaGardo 的杯款、Mon Amie 手工瓷器飾品，選品與其他雜貨店重複性不高。

邀請品牌合開店中店

活器物，包含有阿德費盡心思找尋的 Dansk 琺瑯老鍋、Cathrineholm 經典葉片琺瑯，以及各式老件木燭台、起司砧板等，其他尚有國外進口設計師商品，例如使用老瓷再製的瑞典飾品 Andra Augusti。來自不同國度的新品與老品，齊聚在一室，散發出沉靜的質氣。

亮，還是國內的月亮。」

營運兩年下來，新空間的可能性造就了更多有意思的活動。二樓因有廚房與長桌，經常舉辦 4×5、8×10 拍立得相機 Work Shop，日前也邀請 Poete i 開皮革草編袋手工課。

二○一四下半年，阿德更打算加入 POP Store 概念，邀請台灣獨立品牌入駐，經營期間限定商店，目前已知黑森起司、芭蕾麵包、Poete i 包等都陸續排入檔期。這個空間因不預設用途，可以隨興塞進各種好玩的內容。

綜觀整體，阿德刻意將北歐的家具、瑞典的瓷器與台灣的手作包包等，這些商品設計出品的儲蓄美德小豬仔、Poete i 出品的儲蓄美德小豬仔、Poete i 設計師商品並置，諸如由黑生起司設計的果皮杯、COBUTA 出品的儲蓄美德小豬仔、Poete i 的手作包包等，這些商品設計思考的成熟度，絲毫不會降低整個空間的質感。阿德說：「CameZa+ 不特別去定義風格，反而是打破先入為主的觀念，我的用意是要讓人們看不出這些商品到底是國外的月

3 罕見 4×5、8×10 大型拍立得相機不只是裝飾，也實際用於拍照活動。

4 引人注目的黃銅吊燈，是 Anders Pehrson 於 1968 年所設計的燈飾 Bumling Lamp。

5 風格感強烈的北歐老件讓角落不容忽視。

6 台灣獨立品牌 Artemis 設計的手作皮革。

7 老房子原始結構完全不變，只是換上新的門與窗就感覺不同。

8 二樓空間經常做為活動使用，未來將以 POP Store 概念經營。

9 阿德與 Bow 平日必須上班，店內事務都委由店長金寶負責。

8

做個讓可能性發生的平台

「我雖然沒有能去設計生產，但卻想支持這些做夢的人，既然有Pinkoi這樣的虛擬平台，那CameZa+何不將推廣手創設計商品的想法實體化？」在利潤條件情況之下，店內幾乎所有國內設計師商品或手創品，除非品牌特別要求採寄賣方式，阿德寧可選擇風險較高的買斷進貨。

關於小店創業，CameZa+可能不是太成功的案例，阿德和Bow設法在動態平衡下取得生存之道，創造了這個可以任性而為的空間。營運幾年下來，兩人還是無法辭去工作，

光靠賣鋪支持生活，甚至遇到生意不好的「奈米月」的時候，還得掏出薪水來養這個空間。

一路走來，很多朋友都問阿德怎麼不兼營民宿或餐廳，期間也有不少空間設計委託上門，CameZa+有所為有所不為，依舊保持初衷。

既非收入優渥的大老闆，家中也沒有金山可靠，CameZa+何以支撐營運數年之久，一直是個謎團。阿德卻一派樂天，他說：「我想要做的空間是一個讓可能性發生的平台，而不是一間賺錢的賣店，這才是CameZa+想強調的核心價值。」既然距離山窮水盡的還很遙遠，就繼續任性下去吧！

9

OPEN DATA

CameZa+ 的 風 格 小 店 財 務 報 告

DATA_4 營業收支圖

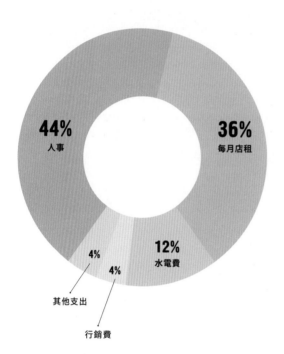

44%
人事

36%
每月店租

12%
水電費

4%
其他支出

4%
行銷費

DATA_1 基本費用

● 空間規劃費：200 萬
（老屋改裝結構費用）

● 囤貨資金：70 ～ 80 萬

● 房租約：7 年約

● 週轉金：0 萬

● 改裝歷時：7 個月

DATA_2 營業額

● 四五月是奈米月
　過年前是旺季。

DATA_3 特色商品

琺瑯、老件家具、
餐瓷、燈具、袋包

> 從忠信市場遷出，有何感觸？

A1 我覺得人潮固然重要，但是「對的人潮」更重要。CameZa+開在忠信市場時，假日人潮雖然多，但卻「看的到，吃不到」，雖然五權西五街的人潮減少很多，甚至有時候一天不到10人，但是這裡的人潮是對的。以去年一整年的營業額來看，新店比舊店成長將近一倍。忠信市場吸引的大多是來拍照的觀光客，而五權西五街則經常有香港、新加坡、歐美客人，外國客人比台灣客人多。

OWNER

阿德（33）
創業資歷4年

另有店長金寶

阿德的

SHOP MANAGEMENT

CameZa + 的 Q & A

> 可以談談你對商品配比的思維嗎？

A2 好賣的商品，利潤就低，幾乎是不變的法則。例如，CameZa+店內最特別的老件琺瑯，連不少收藏家都覺得讚嘆，但是老件琺瑯因為稀少，貨源本身難尋，再加上台灣市場的價格接受度較低，要在成本範圍內購入，難度相當高，因為好貨都被日本收藏家高價標走了。若計算運費，琺瑯商品利潤幾乎等同成本，我認為店內不是每件商品都會賺錢，即使如此，也必須有類似這樣的獨賣款存在。

> 談談你對台灣設計師商品的看法？

A3 我沒有能力設計生產，但身邊卻有很多認真做夢的朋友，因此特別想推廣台灣設計商品。逛創意市集久了，就會發現即使這麼多手創商品，卻大概只有十分之一的設計是成熟的，然而這些辛苦製作出來的良品，又因為消費者價值觀的偏差而被貶抑，我認為這對台灣設計不公平。除非品牌自有打算，否則店內台灣設計商品都是採用買斷進貨，我想這是我支持台灣設計前進的方式。這些商品可能難賣，但我也不會為了銷售，打折促銷給那些不對的客人。

SPACE DISPLAY
CameZa+ 的空間陳列規劃術

2F

```
750
288   102.5   325.5
                      吧台
        DN
店鋪              店鋪  ⒸC
  Ⓐ
550
780
230
```

1F

```
750
        462
    12
                  商品櫃
              ⒷB
688  店鋪   櫃  店鋪
780          台
80
```

（單位：CM）

Ⓐ 老件家具是店內販售的主力商品之一，陳列時打破一般家具店將商品束之高閣、不可褻玩的手法，而是將老家具融入空間，營造出舒服的角落，歡迎客人走逛之餘坐下來休憩，輕鬆自在的居家氣氛更吸引人。

Ⓑ 為了打破消費者既定的印象，陳列時刻意將新品與老件、國外設計與台灣製造並列，例如國內設計生產的金屬層架與北歐原木家具搭配，或是台灣蜂蠟蠟燭與國外設計師飾品的協調感，這些都讓人們發覺台灣設計也有精緻一面，甚至具有國際風格。

Ⓒ 這棟兩層樓的洋房，過去本身是美軍高級將領的宿舍，開窗手法與格局規劃不同於台灣厝。利用這樣的結構特色，阿德親自設計，並請工班換上烤漆門窗，不走修舊如舊路線，用強烈的色彩整合出獨特的風格。

1

黑生起司果皮杯

以台灣水果為意象的杯款，造型結合鳳梨、哈密瓜、苦瓜的外皮，相當有意思。二代果皮杯並有貼心的中空隔熱設計。

2

**Andra Augusti
手工瓷器首飾**

設計師 Andra Augusti 使用 50 年代到 80 年北歐瓷器 Mon Amie 在製程的飾品。

3

Bersa 杯托

Bersa 已被全世界喜愛北歐風格的雜貨迷視為一種 icon，設計的理念是為了讓日常生活用品中能更為的豐富，使餐桌上能夠添加一些綠意。

Poete i 詩意的是系列

台灣設計師設計的袋包與圍裙。

4

SPECIAL ITEMS
CameZa + 的特色產品

5

老件琺瑯鍋

DENSK 出品的老件琺瑯鍋，店內販售產品多樣，有煎鍋、燉鍋、湯鍋，以及各種餐具。

利用多格的古董文件櫃與台灣老菜櫥
來收納庫存，是很不錯的概念。

09

好物
All Goods 生活風格販賣所

用甘仔店的精神，喚醒三不五時就想光顧的好奇心

看準嘉義人買東西沒處去，七年級生的陳瑪靡大膽在市井巷中開起
「好物 All Goods」，專門搜羅來自日本、東南亞與台灣本地的質感
商品，推翻一般人對鄉下城市的刻板印象，成功一圓雜貨店夢，並
且證明只要進好貨，小店永遠不會寂寞。

像

嘉義這樣鄉土氣息濃厚的城市，既無台北那樣雄厚的消費力，也無台南那樣陣容堅強的觀光客，要在這裡開一間稍具質感的生活道具小舖，只消問一句「市場在哪裡？」就足夠打消 90% 以上人的開店念頭。原本以為這種都市調調的風格販賣所在鄉村型城市缺乏市場，沒想到「好物 All Goods」經營一年不到，不但達到收支平衡，還能創造盈餘，讓老闆領薪水。這個兼顧家庭與理想的生意，究竟如何辦到？令人十分好奇。

是便默默將開店計劃藏在心中。

直到某一天，陳瑪靡幫忙朋友整修咖啡店，在巷弄中意外發現了這棟可愛的老房子，那心中凍結已久的夢想不禁悄然萌芽。抱著試探心態詢問租金，卻沒想到房東的開價意外便宜，而計算過後發現低廉的租金成本使原本不可能的夢化為可能，陳瑪靡在先生的鼓勵下決定放手一試。

為了節省開店成本，整理房子的工作盡可能自己來。首先，陳瑪靡拆除陰暗的隔間、將髒汙的牆面重新粉刷，門面則是請朋友用回收舊門片，打造出充滿明亮的櫥窗。在白牆、草綠色樑柱的底色中，加上鋼筋彎折成的展示架、朋友手作的展示箱，以及多年收集的老家具，陳瑪靡混搭出充滿陽光溫馨感的賣鋪空間，將原本陰暗老舊的感覺一掃而空。

親力親為一手打造夢想

幾年前，陳瑪靡陪著先生從高雄移居到嘉義創業開火鍋店，由於年輕人創業初期資金微少，瑪靡雖然夢想擁有自己的雜貨店，但考慮先生的事業繁重、兩個孩子年紀尚小，於

ADD
嘉義市延平街 215 號

TEL
05-225-2522

TIME
14:00-21:00，週二、週六休

FACEBOOK
好物 All Goods-生活風格販賣所

好物的
三大獨創特色

❶ 差異化商品
小店透過海外代購平台以及 Pinkoi 網站，搜尋一般零售商店較少見的雜貨與手作品，平時也會到跳蚤市場上尋找有趣的老件。因為區域性的差異，嘉義幾乎沒有同質性的商店，使小店的商品特別突出，吸引人一逛再逛。

❷ 推廣當地品牌
觀察到嘉義有不少玩手作的同好，店內除了引進蔄裏子的手線線、四樓公寓的蜂蠟蠟燭、台灣在地設計的襪子等，也推廣在地的手作品牌，例如 BLESS 的手染衣、JUN 的手鉤包等，可說是外地人採買在地伴手禮的好地方。

❸ 親切好感氛圍
店內除了產品豐富之外，店主經營的氛圍十分溫馨，「逛逛不買」也沒關係的和善態度讓人感覺舒服，逛起來更加自在。除此之外，偶有舉辦活動或提供尋貨服務，小店的隱藏版服務，歡迎客人帶著需求來開發。

美麗的鐵花窗讓陳瑪靡一見就立刻決定要把雜貨店開在這。

意外上門的潛在客群

原本只是觀察身邊朋友有購買需求，才開了店；沒想到實際營運之後，陳瑪麐卻發現當地還有很大一片潛在客群。

「嘉義的消費屬性與其他地區很不同，我發現來店的年齡層很廣，從年輕人跨到三、四十歲，有的是單身貴族，也有家庭主婦、小吃攤老闆娘、市場裡的自營商等，樣貌非常多元，經常會有意想不到的客人上門。」

因此，好物所塑造的氛圍十分親切，沒有名店的壓力感，而是比較像小時候隔壁的甘仔店，但內容和空間吸引人，讓人有事沒事就想進去晃兩圈。

陳瑪麐說：「抱著就算沒有買也沒關係的想法，用這種放鬆的心態來經營，客人更能自在地來去。」

租金優勢達成生活理想

陳瑪麐挑選的都是日常生活的

有限，好物的客人回流頻率高或許是鄉下城市裡的去處

得驚人，甚至有客人一週來四次，將逛雜貨鋪當成解悶的日常娛樂之一。由於來店頻率如此高自然不可能隨時都有新鮮貨，因此經營上尤其著重陳列變化，幾乎每 2～3 天就必須變動擺設，讓商品輪流當主角。

實用商品，例如鍋具、杯盤、器皿等，有海外進口的 DANSK 琺瑯鍋、泰國彩色竹碗、越南木片提籃等，也有不少國內自行開發的商品，例如四樓公寓的蜂蠟蠟燭、繭裹子的手染線、加拾的襪子等。除此之外，這裡也成了嘉義在地好物的介紹所，可發現在地獨立品牌商品，如 BLESS 的手作衣、JunS 的手染衣與手勾包等，而窩藏在

1 陳瑪麐希望老物成為街頭巷尾的雜貨柑仔店。
2 以透明櫃展示店內豐富品項。
3 將杯碗與托盤等商品組合陳列，可以讓客人有更多使用上的想像空間，也會因此有整組買的效果。
4 好看的玻璃瓶罐，吸引不少媽媽買回去醃漬醬菜。
5 從泰國引進的各式藤編籃、竹籃等，造型相當多款。
6 針對當地手作族群的需求，好物引進台北繭果子的手捻麻線卷。
7 喜歡逛跳蚤市場的陳瑪麐，偶爾也販售蒐得的稀奇老件。

櫃子角落的，還有陳瑪靂蒐藏的有趣老件，往往不經意發現，特別感到驚喜。

雖然開雜貨店很夢幻，但開店前計算成本卻要很實際。

當初，陳瑪靂設定必須用存款跟貨款存下的80萬元來完成目標，大約裝修花費15～20萬元，囤貨花費30～40萬元，還剩餘20萬左右做為變動成本，應付每月租金與採購新品使用；整體計算下來，房子租金不高（每月不超過1萬元）成了開店成功的關鍵。

目前，好物每個月營業額可以打平成本，並支付新品採購5萬元，而陳瑪靂自己還可以有一份小小的收入。陳瑪靂說：「最重要的是，我每個月店休十天，只要工作三分之二個月，月薪二萬五千元雖然不多，但還能有時間陪家人，幾乎是達到我心目中理想的生活狀態了。」

OPEN DATA

好物的風格小店財務報告

DATA_3 產品暢銷比例

類別	比例
廚房用具	20%
木器用具	30%
食器餐具	30%
服飾配件	10%
老件古董	10%

DATA_4 營業收支圖

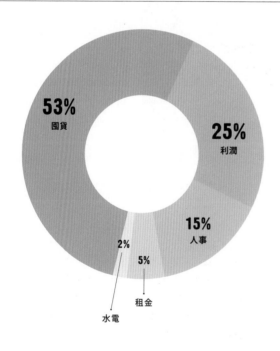

53% 囤貨

25% 利潤

15% 人事

2% 水電

5% 租金

DATA_1 基本費用

● 空間規劃費：15 萬

● DISPLAY 花費：3 萬

● 設備費：2 萬（冷氣）

● 囤貨資金：30 ～ 40 萬

● 房租（含水電）：1 萬內 / 月
（5 年約）

● 週轉金：10 萬／半年

改裝歷時：3 個月

DATA_2 營業額

● 旺季 20 萬、淡季 10 萬

DATA_3 特色商品

家飾、手作物、生活器物

如何採購商品？

A1 投入開店之前，對於雜貨就很有興趣，平時閱讀不少相關書籍，了解自己想要什麼。進口商品來自泰國、日本、越南、中國等不同國家，剛開始是從網路賣家進貨，後來與商品外貿商接洽，公司型的代購商種類齊全，並且官方網站建置商品型錄，透過這樣海外代購平台，直接挑選自己想要的商品，集中運送，可以節省運費。泰國商品則是自己出國採買。

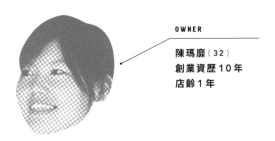

OWNER

陳瑪靡（32）
創業資歷10年
店齡1年

陳瑪靡的

SHOP MANAGEMENT

好 物 的 Q & A

你的採購心法？

A2 除了開店第一次採購之外，我將囤貨資金分成買斷跟寄賣兩種，寄賣主要是身邊朋友的手作品，而買斷則每個月會預備5萬元做為進貨資金，分一次或兩次挑貨，用這樣陸續進貨的方式，保持收支平衡，也讓小店隨時有新東西。

如何調配生活與工作？

A3 當老闆應該要很清楚自己的能力範圍，不管在金錢或時間分配上都是如此。我開店一半的原因是為了兼顧自己的孩子，又因為資金有限，不敢貿然請店員，所以一開始就將裝修、店租、人事等成本降到很低，店務工作能夠自己來就自己來。剛開始為了衝刺生意，營業時間設定很長，從下午兩點開到晚上十點，每週只休一天；但這樣下來，發現生活一片混亂，本末倒置了。後來決定調整營業時間，將晚上沒人的時間砍掉，提早到九點關門，並且犧牲週六的營業時間來陪孩子。雖然有捨有得，但整體上我認為調整到平衡才是經營長久之道。

SPACE DISPLAY

好 物 的 空 間 陳 列 規 劃 術

A

為了實現夢想,空間整理盡可能自己來,就連店頭的設計也是請朋友跨刀幫忙,從舊木料行找來材料,打造出原木質感的玻璃門,融合了台日歐風味,頗有親切感。

B

木造老屋的空間不大,許多服飾類或藤籃等商品需要懸掛展示,捨棄一般常見的衣櫃、吊架,請朋友將常見的鋼筋建材彎折,直接鎖定在天花板上,既能滿足機能,又不妨礙下方空間運用,可以再放上櫃子展示商品。

C

除了幾樣大型的櫃體之外,陳瑪廎最喜歡使用輕巧的玻璃櫃來展示商品,一來方便將細物件集中成為一個主題區,另一方面方便變動擺設,保持店內新鮮感。平均一個星期就要變動一次。

SPECIAL ITEMS
好 物 的 特 色 產 品

1

泰國竹碗

陳瑪靡旅遊泰國時，親自帶回的竹筷碗組，表面塗裝色彩亮
麗，顛覆傳統木竹產品樸實的印象。

2

蜂蠟蠟燭

四樓公寓出品的手作蜂蠟蠟燭，特別引進蘋果與西洋梨造型
款，設計充滿食慾感。

3

加拾襪子

由四個年輕人共創立的＋10（加拾），將幽默感注入足
下，使腳步更輕盈，在每個前進的步伐中，讓台灣襪
子王國的美名再起。

4

手勾皮夾

嘉義當地手創品牌「JUN」手工編織的手拿
包，以及皮件創作，另有手染衣等商品。

O'rip生活旅人工作室在花蓮已成立6個年頭，直到去年才從璞石咖啡館搬到的節約街。

FANTASTIC SHOP

10

O'rip
有禮

ADD
花蓮市節約街27號

TEL
03-833 2429

TIME
12:00-21:00

FACEBOOK/BLOG
O'rip
orip.wordpress.com

深入花蓮部落，群聚效應造能量

一支筆的力量有多大？從書寫在地開始，O'rip走踏花蓮的山與海，從部落裡帶回了許多無形的伴手禮。經過數年摸索與嘗試，他們投身成立O'rip有禮商店，開發部落微型文創，將這些美好轉換為各種形式，成為支持在地創意人的實質能量。

二〇〇六年夏天，一本薄薄的免費刊物《O'rip@hualien》的創刊，發起人之一的王玉萍原在台北擔任誠品書店企劃主任，婚後移民到花蓮，因為覺得花蓮缺少自己喜歡的藝文活動，於是便號召一群志趣相投的好夥伙，一起辦刊物，試著挖掘花蓮各種好玩的人事物。二〇〇八年《O'rip@hualien》走訪縱谷與濱海，認識許多在地創作的工藝家，於是便辦了一場工藝家的展覽。因為這一場網羅英雄好漢的集結，使得夥伴們開始思考：是否有能將花蓮的原生創作變成好商品，並藉由販售所得利潤，來扶植本地的文創產業？

爾後，《O'rip@hualien》因有王義智、蘇素敏、陳亞平等股東加入，遂成立工作室，並擬定故事書寫（刊物）、深度旅遊（漫走）、在地工藝（有禮商店）等三大經營方向，嘗試向外界搭建起認識花蓮美好的多元途

《O'rip@hualien》從兩個月一期的免費刊物逐漸發展成生活旅人工作室，甚至擔任起東海岸微型文創的發聲平台，他們在旅行中挖掘出有故事的在地工藝，如今更成為花蓮在地工藝家的平台，使 O'rip 有禮成了旅人買伴手的必訪之處。

從書寫花蓮到漫走花蓮，hualien》，跨越重重的中央山脈，把花蓮的美好從東海岸捎到西海岸來。這股從太平洋吹來的風，讓不少人因此意識到花蓮的存在，進而將行旅腳步踩入這塊土地，甚至將斯土化為第二故鄉，號召起一股花蓮新移民運動。

二〇〇六年夏天，一本薄薄的免費刊物《O'rip@hualien》的創刊，發起人之

扶植原生創意的路

O'rip 有禮的開始，可追溯源至二〇〇六年《O'rip@

O'rip 的
三大獨創特色

❶ 鎖定花蓮在地
從書寫花蓮到商品，O'rip 堅持只做花蓮的東西就好，因此店內販售的商品大多別處沒有，只在此處販售，使 O'rip 成了旅人必訪的小店。O'rip 希望成為讓外地人或本地人認識花蓮的媒介，更希望花蓮人把在地文化當成值得驕傲的禮物。

❷ 讓工藝與消費者共鳴
O'rip 注重商品背後的製作故事，經常與創作者研究使用環保而經濟的方式來設計包裝。藉由吸引人的包裝，來陳述商品背後的涵意，並且店長也花費許多精神去了解創作者本身，懷抱著熱情向每一個來店的旅人分享。

❸ 開發獨家聯名款
O'rip 站在通路、消費者與工藝家之間，有時會以共同討論的方式，協助創作者開發商品；或者夥伴們也會加入創意，請工藝家為有禮開發專屬商品，例如樹豆杯，這些商品都是增加 O'rip 獨特性的重要因子。

1 主張讓商品自己說故事，翅男藍白拖系列傳達青春的熱血感。

2 O'rip 的主要夥伴多是花蓮的新移民，因緣際會聚在一起玩出這間有禮商店。

3.4 O'rip 希望部落工藝不再是欣賞用，而變成貼近生活的用品。

用故事促動購買慾望

要將理想化為實際不是一件容易的事情。負責有禮開發的蘇素敏說，剛開始夥伴們都很天真，以為工藝家的作品只要拿來就可以直接販售，賣錢之後就能讓工藝家得到有收入。

「買賣背後所牽涉的層面，不單純只是商品本身。」蘇素敏說，「我們發現工藝家的商品只是上架就能被販售，還得運用包裝與通路提升能見度，最重要的是要讓創作背後的故事能被看見，這也是消費者為何要購

徑。到了二○一○年，因為有同樣也是誠品書店畢業生的黃湄琇加入成為工作夥伴，協助O'rip有禮的商品開發與銷售，O'rip有禮門市便在璞石咖啡館二樓的小空間裡成立，並逐漸茁壯，直到去年底搬遷至節約街，才有了完整獨立的店面。

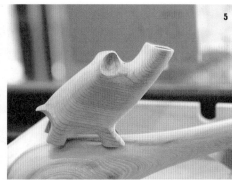

5 陳列或商品的企劃也會按照節日改變，例如針對母親節推出的另類健康商品經絡拍打棒（小豬仔下方的棒子）。

6 陳設規劃主題專區，有如小型個展。此為李麒森的動物木雕創作。

7 O'rip夥伴們合力完成的書籍與刊物《O'rip》。

8 木造老屋經歲月沖刷的痕跡，成了店內氣氛營造的一部份。

9 這是一個友善工作的空間，O'rip也歡迎帶子郎的夥伴。

買的價值所在。」

O'rip 經過兩年時間摸索，網羅了阿迪克的漂流木生活器物、露娜伊的陶罐、翁淑美的陶器創作、後山金工坊的飾品、海角工作室的手創檜木等商品，並思考如何用不浪費資源的包裝來陳述商品；而對外，O'rip 則洽談了花蓮翰品酒店、台灣好店、緩慢民宿等三個寄賣店，試著將花蓮工藝家作品推廣出去。

◗ 以品牌行銷在地工藝

經過幾年經驗的累積，O'rip 發現市場形態逐漸改變，過去工藝品被定義為裝飾品，如今消費者卻渴望工藝能夠貼進生活，成為具有文化意涵的實用物件。到了去年，O'rip 以其市場熟悉度，開始轉型為工藝家的顧問。夥伴們將品牌建立的

方法交還給工藝家，讓他們可以自己完成包裝與概念說明，協助建置更多在地工藝品牌。

隨之，O'rip 也與不同藝術家聯名創作，透過買斷方式推出獨賣商品，不但為工藝加入新創意，也因為鎖定花蓮工藝家的創作，O'rip 避免掉與其他地方商品雷同的可能，提升 O'rip 有禮商店的獨特性。

「我們認為 O'rip 有禮要能成功首先不是去爭取觀光客的認同，而是要先爭取在地人的認同。一旦在地人能很驕傲地將我們介紹給來玩的朋友，那麼 O'rip 有禮就有市場性。」蘇素敏說，最終 O'rip 有禮希望將工藝家的創作變成饒富當地特色的禮品，讓當地人可以驕傲送出這塊土地的美好，並且讓不捨告別的旅人帶走一件牽絆，好藉此日夜回憶這塊令人想念的土地。

OPEN DATA
O'rip 的 風 格 小 店 財 務 報 告

DATA_4 產品暢銷比例

自製商品	40%
買斷商品	25%
寄賣商品	35%

DATA_4 營業收支圖

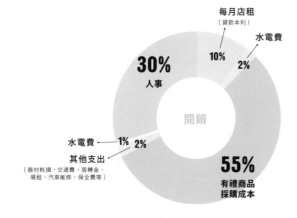

每月店租（貸款本利）10%
水電費 2%
30% 人事
開銷
水電費 1%
其他支出 2%
（器材耗損、交通費、周轉金、場租、汽車維修、保全費等）
55% 有禮商品採購成本

30% 有禮買斷商品
盈餘
40% 有禮自有商品
30% 有禮寄賣商品

開銷：盈餘
6 : 4

DATA_1 基本費用

● 空間規劃費：10 萬
（老屋改裝結構費用）

● DISPLAY 花費：15 萬

● 設備費：15 萬

● 囤貨資金：30 萬

購屋資金或房租押金：2 萬

週轉金： 20 萬（一個月）

改裝歷時：半個月

DATA_2 營業額

● 旺季月營業額：25-30 萬

● 淡季月營業額：15-20 萬

● 年營業額： 240 萬

DATA_3 特色商品

雙月刊與書出版
深度小旅行
花蓮在地創作商品

> **O'rip 如何與工藝家洽談利潤？**

A1 工藝家商品可分為買斷與寄賣兩種，除了聯名商品為買斷，大部分都是以寄賣為主。O'rip有禮與其他寄賣點洽談的抽成方式，為了不影響到工藝家本身的收入，會在現有的抽成裡再去平均分配。舉例來說，假如商品售價的60%利潤歸工藝家所有，40%歸O'rip所有，其他寄賣通路的利潤就會在O'rip所有的40%中再去平均分配，不會影響工藝家應有的權益。

OWNER

生活旅人有限公司
創業資歷8年

生活旅人有限公司的
SHOP MANAGEMENT
O'rip 的 Q & A

> **定位與傳統藝品店有何不同？**

A2 與傳統通路採開架式販售不同，O'rip的銷售方式不是上架後就放任消費者自行挑選。我們注重故事的訴說，負責銷售的工作夥伴必須花很多時間去了解工藝背後的意義，並且誠懇向消費者介紹。我們認為，商店的進貨出貨等業務流程可以SOP，但認同的過程是沒辦法SOP的，工作夥伴對工藝家的了解多深入，就能產生多大的能量來感動消費者。

> **如何募集創業資金？未來的期許是什麼？**

A3 O'rip目前共有五個股東，一開始創立刊物，大家都是利用兼職來做，利用工作閒暇時間採訪寫作。到了2008年，五位股東共同集資50萬創立工作室，到了2011年又增資到100萬，目前也思索開放讓新的股東進來。目前每一個區塊還是很辛苦地經營著，去年利潤有23%來自活動企劃案，今年的營運目標是希望不需靠接案就能獨立營運。

SPACE DISPLAY
O'rip 的空間陳列規劃術

2F

展間

辦公室

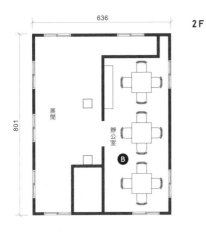

801

636

1F

倉庫

樓梯

櫃台

展示桌

商品櫃

商品櫃

商品展示桌

商品櫃

商品櫃

陳列木桌

陳列架

801

636

（單位：CM）

有禮希望成為旅人拜訪花蓮的第一站，在這裡可以取得在地旅遊的第一手資料，同時也是能喘口氣，寫下旅行日記或寄張明信片給朋友，因此空間內特地訂製了一張大桌，歡迎旅人當成臨時工作站，在這裡停歇。

木造老屋的前身為阿之寶展間，空間在上一手經營者的打理之下，保養得不錯，尚且保留老房子的風味。走上二樓空間，木造空間散發出沉靜的氣氛，夥伴們將這裡隔出一小區塊做為辦公室，其餘則開放做為展覽空間。

老房子的空間不大，陳列盡可能簡單，不要太過於複雜。但為了增加趣味性，陳列融合自然元素，例如就地取材將枯木結合層板，在空間裡種下一棵樹，使商品陳列增加趣味性，同時也讓層架本身圖像化，成為空間的裝飾。

SPECIAL ITEMS
O'rip 的特色產品

李麒森掌上木雕

吊著單槓的小豬、大大小小的貓頭鷹家族，以及變色龍、彈塗魚、長頸鹿、大象等，李麒森把對女兒的愛化為動物形象，刻下童稚真誠的祝福。

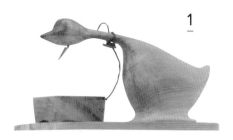

1

2

馬浪木雕

花蓮豐濱的阿美族藝術家馬浪，阿雄的漂流木藝術創作者，在大型藝術創作之外，這裡則販售罕見的生活小品創作。

3

樹豆杯

花蓮藝術家翁淑美老師與O'rip共同開發的商品，以原住民重要的糧食樹豆為發想，是店內的獨家商品。

4

後山金工房

O'rip與後山金工房共同開發的飾品，藝術家以花蓮的山與海為主題，設計出鯨尾鰭與山豬牙的吊飾，樸實的包裝也呼應自然。

5

植物染各色線卷

由手樸隨想創意工作室出品的線卷，不僅使用傳統植物染法製作，同時也是地方二度就業媽媽生計的重要支持。

小店的存在必要性
有如街角的微型都更。

FANTASTIC SHOP

11

放 放 堂
FUNFUNTOWN

ADD/TIME/TEL

台南店　台南市中西區大新街72巷4號
週三 - 週日：12:00-19:00
06-222-9339

富錦店　台北市松山區富錦街359巷1弄2號
週三 - 週日：14:00-21:00
02-2766-5916

FACEBOOK/WEB
放放堂funfuntown
www.funfuntown.com

廣告人慧眼獨選，設計商品超有梗

從事廣告工作多年的蕭光，數年前在台北富錦街創立了放放
堂，這間取名為「Fun」的小店，是台北數一數二最早經營的
風格選物店。由於蕭光獨有的品味與積極推廣下，使放放堂
經營出自成一格的風貌，也成偶後不少選物店仿效的對象。

數年前，台灣興起一股設計風潮，從媒體到品牌代理商不約而同談起設計，而設計師商品也成一股潮流，類似寬庭、青石這樣的風格選物店逐漸進駐書店賣場或精品百貨公司。乘著這股設計潮流的浪頭，悄然在台北富錦街開張的放放堂，卻首先以小店規模經營獨立設計選物店。幾年歷練下來，店主蕭光的選物眼光越益精闢，甚至如店名所述，還選出了趣味，成了不少小店的仿效對象。

原創思維千呼萬喚

棄廣告業投入創業，蕭光與妻子兩人原本是叱吒廣告界的創意總監，也是最早前往上海打拼市場的。在中國工作生活了一段時間，蕭光與妻子覺得膩了，決定回到台灣，並計劃在人生的這個階段喘息一下。

1 霓虹燈閃爍「No Risk，No Fun」，闡述放放堂精神。
2 台南放放堂也為在老房子內，馬賽克磚刷白後顯得精神。
3 廣告人蕭光自述放放堂的選貨精神：「有梗還不夠，還耿耿於懷才行！」用自己多年收藏的傢俬佈置出夢想的空間。

放放堂的 三大獨創特色

❸ 保留自行創作的趣味

放放堂富錦店內，特別闢設一區燈具組裝區，蒐羅各種特殊形式的鎢絲燈泡、陶瓷燈座與電線等，消費者可以尋找適合的素材，自型搭配、鎖上燈座與調光器等，創造出屬於自己的燈具。

❷ 設計與工藝聯名

蕭光獨愛互久的設計，希望引進的商品具有越陳越耐看的特質。因此，傳統工匠與設計師聯合開發的商品是放放堂的主力之一，例如去年底大量引進大治將典與高岡銅器、磁今、Kami 聯名開發商品便是一例。

❶ 挖角台灣血統設計

台灣新銳設計師在國內或國外都有不錯表現，而放放堂希望做為一個推廣平台，引進木子到森的燈具、由台灣與瑞典設計師共同設計「Favourite Things 吊燈」，並以買斷方式支持這些年輕人，並讓這些令人驕傲的創意被看見。

當時，他們決定撥一筆預算到日本長住半年時間，過著到語言學校上課的單純生活。

在日本生活期間，蕭光在一堂有趣的版畫課改變了他對創作的想法。他說，從事廣告設計一直以來都是客戶導向，他早已熟悉商業提案模式中，設計是為了滿足需求，老早忘了為自己創作的滋味。「在那堂版畫課中，老師要我從發想開始做起。我那時急著想學版畫的技巧，對老師的教學方法不以為然。」蕭光猶記得他草草交出臨摹的構圖，立刻被打回票，「老師只說了一句：最重要的是原創。這句話就像一顆震撼彈，點醒了我。」

從日本旅居回台，創作的能量蠢蠢欲動。為了想完成屬於自己的作品，蕭光與妻子決定自行設計空間，在木柵開了間咖啡館，兼賣自己欣賞的設計商品，表達自己對風格的看法。經營了三年下來，兩人收回咖啡館，轉而經營器物店，更專注投入挖掘設計商品。

📍 台灣設計是隱藏版賣點

躲在濃綠行道樹底下的放放堂，霓虹招牌燈閃爍，這間概念前端的小店總是令人摸不著頭緒。走進裡頭才恍然，大桌上陳列的並非華美衣飾，而是來自世界各國的趣味商品，有建築師 Kristian Vedel 的木玩具 Bird Family、設計師大治將典打造的黃銅器物等，這些融合傳統工藝的設計令人眼睛為之一亮。

除了海外設計選品，具有台灣血統的設計也是放放堂大力推廣的重點。蕭光發現台灣新一代設計師在海外市場有很不錯的表現，只是過去他們的設計都主打外銷市場，不顯見於國內市場。因此，透過品牌直

接洽談，在地就近出貨，省去繞地球一圈的運費，放放堂取得價格優勢。使得這些台灣製造的國際良品，成為店內的最大賣點。

放放堂的商品種類相當多，囊括文具、燈具、食器、玩具等，風格並不特別歸屬於某一類，設計師又來自不同國度，卻能夠營造出奇趣且不違和的氣氛。蕭光認為好的設計必須耐得起時間考驗，而他所著眼的不光是造型本身，更喜愛木頭、黃銅這類隨時間歷練越顯風華的材料。陳列上，無形中依照材料區分界定，使多元化的商品可以達成共識。

加入策展概念的經營方式

向來喜歡台南生活步調的蕭光，去年底因緣際會在這個城市找個一間心喜的老房子，以

4

4 台南店展現出新舊交融的況味，幾何老地磚十分美型。
5 台南店由前蘑菇主編微笑大叔看守，負責選書與策展活動。
6 富錦店特色的電燈設計區，讓客人自己選擇配件組裝。

以及展覽活動策劃，加入策展概念的經營方式，為放放堂品牌注入更多可能性。關於選物，蕭光認為：「什麼東西都要有梗還不夠，還要讓你耿耿於懷才行！」想必這就是所謂的「放放堂式」風格吧！

住家兼店鋪的概念，將放放堂的概念移植到南台灣。

放放堂台南店延續台北店的選址風格，刻意避開人潮熙攘的大街，在靜謐的巷弄中營業。台南店為一棟透天厝，共有三層樓，皆有不同主題規劃：一樓做為選物賣店，二樓則是展覽廚房，三樓空間則為鋪著飄散懷念香氣的榻榻米房。這空間的編排上少了商業空間的制式化，意味著放放堂將啟動截然不同的選物實驗。

例如開幕時，放放堂即在台南店首開個展，以「YUKARI緣起」為題旨，邀請日本工藝設計職人大治將典帶來一系列與日本各地職人合作的工藝作品。這一連串的活動，定位了「台南店限定」的實驗性格，也讓生活道具迷多了造訪台南的理由。

今年初，台南店又邀請蘑菇雜誌的專欄作家微笑大叔駐店，針對台南店色進行特色選書店，

7 大治將典與倉敷帆布合作的包包，設計百看不厭。
8 台灣與瑞典共同設計的Favourite Things吊燈，內部可放入各種喜愛的小物。
9 標榜從汽車到眼鏡都能修理的黃銅螺絲起子，真男人必備一套。
10 重新設計的鐵梯與大治將典設計的掃帚，一掃傳統與現代搭配的衝突之說。

OPEN DATA

放 放 堂 的 風 格 小 店 財 務 報 告

DATA_3 產品暢銷比例

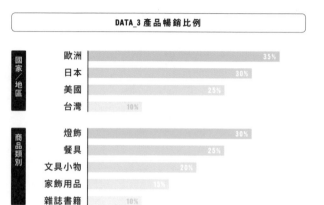

國家／地區

歐洲	35%
日本	30%
美國	25%
台灣	10%

商品類別

燈飾	30%
餐具	25%
文具小物	20%
家飾用品	15%
雜誌書籍	10%

DATA_1 基本費用

● 空間改裝費：150 萬

● DISPLAY 花費：20 萬

● 設備費：30 萬
（陳列家具／吧檯／廚房）

● 囤貨資金：60 萬

● 週轉金：100 萬／一年

● 改裝歷時：4 個月

DATA_4 營業收支圖

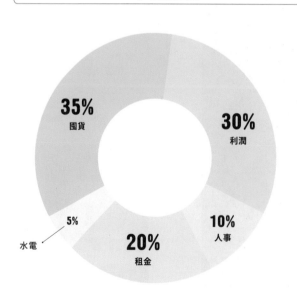

35% 囤貨

30% 利潤

10% 人事

20% 租金

5% 水電

DATA_2 特色商品

Favourite Things 燈飾
FUTAGAMI 黃銅系列
emalia 琺瑯餐具

你認為小店的重要性是什麼？

A1　小店絕對有存在必要。小店除了展現店主的風格，介紹各種有趣的商品之外，選物店之於我更像是「個人的都更」。當放放堂開在富錦街這一頭的時候，這裡幾乎沒有其他稍具風格的商店，放放堂透過免費的散步地圖，讓人們開始發現街區有意思的角落，漸漸帶動整個區域活絡。選物店可以不只是選物店，它具有改變一條街道或一個社區的能量。

OWNER

蕭光
創業資歷 8 年

蕭光的
SHOP MANAGEMENT
放放堂的 Q & A

放放堂如何挖掘商品？

A2　放放堂的商品與國內其他選物店重複率不高，主要是這些品牌幾乎沒有經銷商，大多數是獨自從海外進口，歐洲、日本、美國的商品佔了90%。這些商品有些是在旅行中發現，有些是在海外工作的同事告訴我的，其次看展或逛美術館有時候也能發現有趣的商品。

海外商品進貨模式與定價原則？

A3　國外商品經銷大多折扣在50%上下，日本多為60%。沒有總代理商規範價格的商品，小店可以自行訂價，但我認為在原價1.2 ～ 1.5倍是比較合理的範圍。此外，獨立進口海外商品幾乎都必須買斷，為了分攤運費成本，一次進貨量不能只有數個，因此必須投入一筆不少的資金來囤貨。

放放堂引進的商品不刻意限制於某種風格，角落經常可見粗獷原始的紅磚牆，搭配細緻的手編榻榻米與年代悠久的古董櫃，而插花使用的容器則是老氣泡玻璃瓶，混搭趣味性的精神展在空間各角落無處不在。（三樓）

從空間邏輯推敲，蕭光對於台南店的經營想法顯然別有所意。二樓設計了一間開放廚房，由台灣設計師打造的大桌，這個空間是放放堂的實驗基地，可用來辦各種有趣的活動，或做為推廣在地藝術創作的展覽空間。

放放堂台南店的三樓不對外開放，老舊加蓋重新改裝後，與露台結合設計成一間和風榻榻米玻璃屋，可做為工作夥伴的臨時住宿，也便於邀請海內外設計師前來客座時，招待下榻的住所。

SPACE DISPLAY
放放堂的空間陳列規劃術

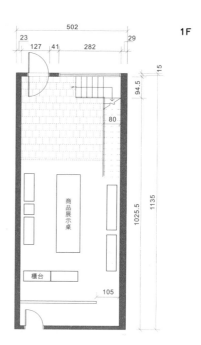

1F

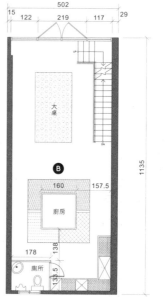

2F

（單位：CM）

JICON（磁今）

大治將典（Oji Masanori）與 JICON 合作的日
用品，包含水罐、杯、置物碗等。

1

2

黃銅筷架

大治將典（Oji Masanori）與高岡銅器合作的商品，三
個一組，收進圓木盒中恰好形成一個家徽般的圖騰。

3

莫札特音樂球

利用木頭共振的音箱效
果，只要旋轉發條就能
奏出溫潤的音色。

SPECIAL ITEMS

放放堂的特色產品

Kikkerland
音樂盒

迷你機身採裸露設計，轉動發條
彈奏鋼片琴，每一個小機械各自
懷有秘密，唱出不同的樂章。

5

4

Bird Family

Kristian Vedel 建築師設計的「Bird Family」，頭
與身體可分開，靈活調整成母鴨或公鴨。

過去的港口倉庫，
如今成了駁二藝術特區。

FANTASTIC SHOP

12

火腿設計師藝廊
HAM GALLERY

ADD/TIME/TEL
藝廊　高雄市鹽埕區大義街 2-1 號 C7-6 倉庫
週二 - 週日：12:00-20:00
07-521-8384

書店　高雄市三民區九如二路 681 號 2 樓
週二 - 週日：12:00-20:00
07-323-1662

WEB
www.hamgallery.com.tw

玩樂開始理想持續，累積人脈全力投入

回到十年前，高雄的印象尚且停留在黑鄉經濟，沒有人認為這裡具備創意能量，甚至有人直接將它稱之為文化沙漠。然而，從台南來的火腿設計師藝廊在這裡種下小小的種籽，如今茁壯成一個駁二藝術特區的大夢。

南方設計圈的節點

十二年前，Aaron（尹立）結束在台北的設計工作室，回到故鄉台南來，在東方設計學院兼課。儘管在傳統產業為主的南方，他依舊懷抱著理想，趁著業餘時間經營設計魔力論壇，在網路上號召與自己同樣熱愛設計的年輕人加入討論。後來，他因認識研究所學生Mark，以及在澳洲學設計的網友Henry，這三個未滿30歲的年輕人一心只想來點好玩的，於是他們便在台南民族路租了一個兩層樓的空間，各自取英文名字的字首，成立了專以設計為主的替代空間HAM Gallery，又稱為火腿設計師藝廊。

二○○四年是火腿設計師藝廊的原點。但誰也沒想到這個小到被忽略的空間竟如此充滿能量，而十年後，它竟然可以壯大成為促成南台灣設計圈成形的主推手。

綜觀所有啟蒙新藝術的創意城市，諸如芝加哥、米蘭、舊金山，這些城市大多不是肅穆的政治核心圈，因為高度壓力的氛圍無法讓創意扎根成長，反倒是帶點鬆散、慵懶、混亂的城市，往往成為潮流的發源地。反觀台灣也是如此，最早的塗鴉文化、垮褲風潮都是從南台灣開始，甚至三十幾年前的當代藝術風潮，也是由杜昭賢等人在台南發起號召，直到傳入台北後，這些「地方運動」才演變成全國性的「潮流」。

「在我認為，南方才是文化潮流的起點。」Aaron說，台灣早期替代空間絕大部分為藝術或美術相關科系學生發起，鮮少有專門探討設計潮流的空間。

「當時，我們三人在設計產業不興的台南，覺得設計人的知音難尋，於是想將火腿設計師藝

火腿設計師藝廊的
三大獨創特色

❶ 進駐駁二藝術特區
火腿設計師藝廊從策展開始推動駁二藝術特區發展，扮演重要的顧問角色。以大展精彩、小展不斷的策略，帶動整個特區活絡，甚至2008年在駁二首推售票展（以前高雄是沒有售票展的），改變高雄文化消費行為。

❷ 挖掘原創設計師
從台南與高雄一路發展，南方提供很低的成本，使藝廊可以提供價格低廉的場地，成為新銳設計師發聲的場地。這裡除了策展之外，也販售小量開發的設計師商品，成為推動原創的平台。

❸ 整合策展顧問
從「青春設計展」、「高雄設計節」到「好玩漢字節」，火腿設計師藝廊舉辦過多場大型展覽，並且也為企業策劃小型展覽，將原本無收益的藝廊經營，變成有價的服務，創造出新商機。

1 展覽「遇見100%的貓咪」。
2 將藝廊當成創意交會的節點，Aaron讓駁二有更多可能性發生。

廊當成一個節點（Hub），藉此認
識其他有創意的年輕人。」

於是，火腿設計師藝廊做為
南方設計圈的起點，以「玩什麼
創意隨你便」的宗旨，一路經營
了十年，這個空間與新銳設計
師並肩奮鬥，逐漸看著南台灣
設計圈從沙漠發展成綠洲。

累積能量
抓準機會大爆發

草創時期，Aaron、Mark、
Henry定義藝廊為推廣性質，
不提供經紀或買賣服務，只靠
微薄場租或周邊商品零售來支
持營運之外，三人還得投入本
業賺得的薪水，自掏腰包幫創
作者補貼佈展工本費。Aaron
不諱言：「前三年的營收幾乎
為負成長。」也許看到這裡，多
數人對這樣的營運狀況感到憂
心。然而，他們長期蹲點所累
積的能量卻在二○○七、二○○

八年一口氣爆發，態勢大逆轉。

二○○四年，高雄因為舉
辦世運取得國慶煙火施放權，
便將舊港埠改造為駁二藝術特
區，並委由樹德科技大學經營
藝術村。二○○六年，由於藝
術村營運不善，高雄文化局決
定自主經營，卻缺乏內容，急
欲尋找產業人才協力。在這樣
的時空背景下，Aaron觀察到
高雄市府決心經營駁二藝術特
區的意圖，二○○九年便決定
在九如路租下一棟五層樓透
天，將營運重心南移。

近300坪的新空間內，火
腿設計師藝廊複合了一樓餐廳
（當時由作家王信智經營，現已歇業）、
二樓展間、三樓設計論壇、四
樓辦公室、五樓倉庫，地下室
則做為劇場，Aaron等人如火
如荼策動頻繁的展覽、表演、
派對與講座，這些活動的背後
都是為了日後進軍駁二特區做
準備。

3 老倉庫建築裸露的原始結構，營造出冷冽的工業氣息。
4 日本插畫家兼歌手 PEPE SHIMADA 的畫展。
5 角落展售展覽相關周邊產品。

發揮地域特質
累積人脈圈

二〇〇九年高雄市舉辦設計節，火腿設計藝廊將過去辦展累積的設計師與藝術家介紹進來，為空蕩的倉庫填入豐富的內容，開始做全場域的策展，真正開始發揮節點的力量。爾後，火腿設計師藝廊又發起青春設計節、好漢玩字節等活動，以大展小展不斷的方式，讓駁二走出過去藝術特區先行藝術家進駐的刻板模式，而是以內容吸引人潮，帶動周邊消費經濟。直到去年底，駁二的來客人數超越了台北華山藝文特區。在南方，這簡直是奇蹟。

如同變形蟲組織的火腿設計藝廊，原本背後的符錄設計只是用來方便寫發票抬頭的公司。今日情況恰好相反，符錄設計因藝廊經驗而升級成為品

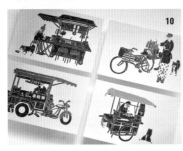

6 書店固定寄售設計師品牌「有些材料」，大玩材質創意。
7 展覽空間角落的寄售商品區。
8.9 藝廊舊址將改裝為書店「火腿看書」，專攻文化藝術相關書籍。
10 紙上行旅明信片也是深受喜愛的寄售商品。

牌設計顧問，從每年駁二特區
的大展策劃，到私人企業的策
展教育與公單位的十大伴手禮
企劃，成為組合創意、設計、
空間的大腦。Aaron說：「過
去幾年來，藝廊雖沒賺過錢，
但大量累積的人脈，卻成為團
隊經營駁二的養份來源。」

　　若將文化藝術消費是為創意
城市進步的指標，那麼火腿設
計藝廊扮演的角色，便是加速
發展進程的推手。去年底，火
腿設計藝廊將展覽空間移往駁
二，舊址將改裝為獨立書店與
藝術公寓，針對創意從業人員
推動CCC課程（Creative Circle
Club），並計劃透過海外設計師
創作換宿，增進國際交流。未
來藝廊也將拓展年輕藝術家經
濟與銷售，希望連結更多有創
意，跟著台灣設計師一起成長。

OPEN DATA
火腿設計師藝廊的風格小店財務報告

| DATA_2 營業收支圖 | DATA_1 特色商品 |

設計師商品、策展服務
藝廊租賃、設計師書店

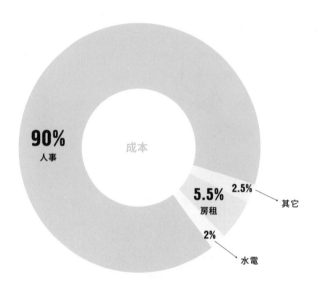

90%
人事

成本

5.5% 2.5%
房租 ———— 其它

2%
———— 水電

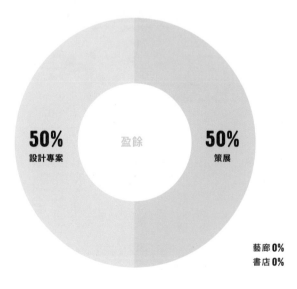

50%
設計專案

盈餘

50%
策展

藝廊 0%
書店 0%

你們對於駁二發展的願景是什麼？

A1　駁二藝術特區的經營模式跟華山藝文特區採用ROT的性質不同，駁二藝術特區
是由地方政府成立文化局來經營，並由設計師協會、火腿設計師藝廊擔任顧問
角色，有些活動是多單位共同舉辦的。我們對駁二藝術特區發展設定為三個階
段，初期是讓大量的展覽綿延不絕，讓一般民眾可以時常走進來；然後，當這
裡具有聚眾能量的時候，自然帶動周邊服務業興起。第三階段，也是目前正在
籌措的，便是配合高雄市人才回流計劃的補助，以十萬塊裝修，加上每個月三
萬五的資助，扶植藝術工作坊進駐。

OWNER

尹立 Aaron（39）
創業資歷12年

Aaron的
SHOP MANAGEMENT
火 腿 設 計 師 藝 廊 的 Q & A

如何從藝廊發展到策展？

A2　十二年前，火腿創立獨立策展空間，當
時我們曾經聯合南部各大設計科系，做
了一個「南部青年創藝科系聯展」，這後來成為
高雄「青春設計展」的前身。2002年，我們想在
南部辦一個設計節，於是邀集民間的力量，申請
部分文化局補助，自擔門票盈虧，在夢時代創辦
了「高雄設計節」。在不看好的情況下，高雄設
計節的反應意外熱絡，票房收入也不錯，隔年便
與文化局採用票房拆帳的模式合作，到了第三年
才正式設立一筆經費共同主辦。

策展背後還能有何商業可能性？

A3　火腿設計師藝廊策劃的好漢玩字節，一
開始策展便瞄準海外市場的可能性，展
覽內容雖是談漢字，卻不落入俗套，而是與科技
藝術、空間設計、產品設計跨界，用造型藝術的
概念來看漢字。在展出後，我們以一千萬價碼將
好漢玩字節展覽賣到南京展覽，打破台灣一直以
來向國外借展的單行道概念，不讓展覽停留在島
內消費。我們認為，高雄做為一個港埠城市，除
了進口原物料，其實也能逆向行駛，把熟成的文
化打包在貨櫃裡，一箱箱輸出到海外。

SPACE DISPLAY

火腿設計師藝廊的空間陳列規劃術

2F

394 | 366.5

914.5
1844.5
930
B

展覽空間B
會議空間　　展覽空間C

334.5 | 394 | 366.5
1094.5

1F

394 | 366.5

左面玻璃固定門
右面玻璃單開門

賣店空間&
展覽空間A　　Ⓐ

914.5
1844.5
930

洗手間　　Ⓒ

辦公空間

242

洗手台　冷藏櫃
吧檯區

53
615

334.5 | 394 | 366.5
1094.5

（單位：CM）

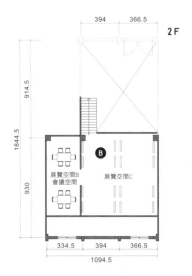

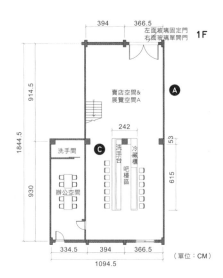

火腿設計師藝廊新址移往駁二大義C7倉庫區，過去這裡是原本這裡是台糖公司租給五金商家做為倉庫使用，紅磚建築體挑高尺度驚人，加上為了方便進出貨，出入門面也相當寬闊，經修復後，每間單位都擁有大面積的開窗，提供充足自然光照明。

去年底，展覽空間移往駁二倉庫，使空間使用更為純粹，更能專注於畫廊經營。由於倉庫挑高尺度極高，便加入鋼構搭建起二樓，使參展動線可以上下洄游，增加變化性，同時也便於切割展場，讓空間需求不大的小展分區展出。

空間處理上，牆壁重新粉光處理後，不再上漆，保持材質裸露的原始質感，避免背景過於喧賓奪主，搶了展覽本身的戲分。除此之外，再天花板或格局上，都保留老建物的歷史痕跡。

SPECIAL ITEMS
火腿設計師藝廊的特色產品

1

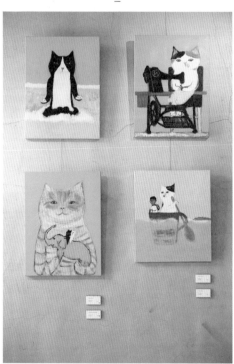

2

有些材料

將日常所需的材料組合起來，就能形成可愛的場景，創造出一件美好的事物，這就是每個人將心意轉換為禮物的過程。

藝術經紀

火腿設計師藝廊的展出畫作，有時也配合創作者，提供代理經紀與銷售服務。

紙上行旅

紙上行旅是種旅遊創作計畫，將旅行和生活記憶於紙上作為一種紀錄。期待透過旅行和日常中的吉光片羽，在忙碌的日子裡注入些愉快的氛圍。

3

4

PEPE SHIMADA系列

日本插畫家PEPE SHIMADA針對展覽推出的周邊商品，如手機保護殼、胸針、小卡等。

FANTASTIC SHOP

13

生活商社

挑進各國好物，襯起獨創新品牌

在日文中，商社無論綜合商社或專門商社，總不脫離大公司
或大企業的印象，而這間佔地僅有10幾坪的商社，規模十分
迷你，但野心卻不小，提出經營的主力在於「生活」二字，試
圖想掌握這稍縱即逝的平凡，顯然店主對此深刻有感。

穿進城市的巷弄裡，陡然發現的小店有如上天贈予散步者的禮物。從美術綠園道穿進五權西五街，這個狹身在城市鬧區的老住宅區，瀰漫著閒適自得的氣氛。就在連棟的老美軍宿舍群中，一棟斑駁圍牆鑲著水藍色鐵門的小房子躍入眼簾，這不算起眼的外觀極易被忽略，此刻，卻因外頭掛著立著一張鐵打的小店招「生活商社」，令人油然升起一股興味。

談到啟發創業的契機，Leslie 說，那是他在東京一家行銷時尚品牌的商社工作時，因當時的商社結合經營 Select Shop 讓他覺得很有趣。漸而，他在歐洲工作時，發現類似像這樣販售生活道具的小店在國外早已行之有年。「為何台灣會沒有呢？」當時他心中很納悶。

回到台灣之後，Leslie 進入 Porter International 從事包包設計，接著又進入時裝品牌 Jamei Chen 旗下負責男裝設計。在台灣前幾年的工作經驗都是著重於原本喜愛的設計領域，直到後來偶然進入電視購物公司，他才開始接觸海外採購，學習採購談判與挖掘商品的眼光。

挖掘市場缺口

生活商社是由袋包品牌 Everything in Between 所開設的生活選物店，是以半店鋪、半工作室型態經營的空間。年輕的店主人 Leslie Wang 過去曾赴英國學服裝設計及行銷，並在倫敦與東京有過工作經驗，於是將自己一路累積的生活心得帶回台灣，開了這間小店。

創業結合工作與興趣

經過數年的工作歷練，沉寂數年的創業念頭逐漸在心中成形。辭去工作後，Leslie

ADD
台中市西區五權西五街88巷30號

TEL
0970-156-842

TIME
週二 - 週五：14:00-18:00
週六 - 週日：13:00-19:00

FACEBOOK
生活商社

生活商社的
三大獨創特色

❶ 獨家設計商品
服裝行銷專業背景的店主，因熱愛圍裙與包包，獨創了 Everything in Between 品牌，主打使用耐用耐水洗的帆布製作，讓實用機能導向的商品也能如同時尚配件一樣穿搭。

❷ 來自各國的選物
由於店主曾有過在英國與日本的生活經驗，透過自身親自使用的經驗，發掘許多當地好用的品牌，回台後因為私心想進口來自己用，意外將這些各國好物集合起來成了選物店。

❸ 訂製化服務
生活商社具有獨立設計與生產能力，店主可提供設計服務，並可為小店或企業訂製小量生產的生活布品，例如包包、圍裙、餐墊、隔熱墊等，並且歡迎創意人一同聯名開發。

店鋪與工作室合一，後方就是 Leslie 的創作天堂。

自創袋包品牌 Everything in Between，先是以小量訂製方式。前年，他決定從台北搬回故鄉台中，便宜租下現在的這棟房子做為工作室，才開始以實體方式呈現自己對於生活的想法。

生活商社等於是袋包設計品牌，Everything in Between 的延伸工作空間，藉由這座溫暖的老屋，Leslie 希望與大家分享過去生活的美好，並持續保留這樣的感動。因此，他所挑選的商品大多是行之有年、依舊使用傳統技法製作的精良器物，例如日本開化堂的茶桶、野田琺瑯月兔印、美國 Chemex 手沖咖啡壺、倉敷意匠的瓷器告示門牌、安藤隆二的蜂蠟蠟燭、柳宗理為設計的不鏽鋼、南部鐵器，當中也有不少台灣在地良品，如迷你小排刷、陶作家顧上翎等。

「生活商社的靈感是來自一

1 Leslie 的老家經營木材廠，特地請父親製做獨家原木砧板。
2 偶有從國內外蒐羅的老五金，可買來發揮巧思運用。
3 野田琺瑯 Drip Kettle2 咖啡專用滴水壺。
4 Leslie 自行創作的包款與圍裙，也提供半訂製服務。
5 從事過服裝設計與採購，Leslie 最終將自己對生活的體驗實現在小店內。
6 台灣老舖販售的各式刷具，價格合宜，品質不輸進口貨。

5

小店成為獨立品牌基地

間我很喜歡的店鋪 Labour and Wait，這間店的店主也是服裝設計背景，我非常喜歡他們結合創作和選物的經營模式。」

Leslie 說，十年前，Labour and Wait 在東倫敦創立，小而時髦的店面不僅販售自己設計的工作服，也集結了許多傳統老鋪商品，而這些老牌商品即使經過了數十年依舊耐用耐看，可見製做時的細膩與講究，讓人覺得生活才是永遠不退流行的時尚。

生活商社營收的主力項目在於自創品牌商品，Everything in Between 品牌專攻袋包與圍裙設計，偶有生活織品創作。

喜愛料理的 Leslie 尤其喜愛設計圍裙，他針對園藝、裁縫、料理、收銀等不同工作場合的職人，設計了具有各種不同機能的圍裙，讓人們專注投入工作生活的同時，也能擁有認真美麗的姿態。

他說：「圍裙對我而言不只是一件實用的商品，更是一種直接關乎生活的創作，同時也是心靈舒壓的慰藉。」過去，Everything in Between 走的是熟客訂製路線，有了實體店鋪之後，Leslie 專注投入創作，使品牌累積不少款式，人們可以從臉書上，依照款式與布料，訂製喜愛的設計。

6

OPEN DATA
生活商社的風格小店財務報告

DATA_3 產品暢銷比例

- 有品牌 60%
- 進口商品 30%
- 寄賣商品 10%

DATA_1 基本費用

● 開店成本：70~80萬
（含空間規劃、週轉金、設備費）

● 囤貨資金：30-40萬

● 房租押金：1.5萬

● 改裝歷時：1個月

DATA_2 特色商品

生活雜貨、袋包、圍裙

DATA_4 營業收支圖

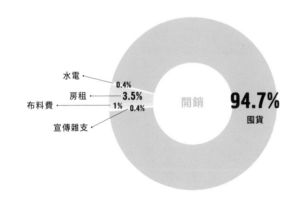

開銷

- 水電 0.4%
- 房租 3.5%
- 布料費 1%
- 0.4%
- 宣傳雜支

94.7% 囤貨

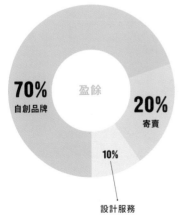

盈餘

70% 自創品牌

20% 寄賣

10% 設計服務

獨立小店如何引進國外商品？

A1　如果有總代理的品牌，可直接跟總代理接洽，但如果沒有總代理的品牌，不妨寫信到海外總公司直接詢問，寫信的技巧必須充分表達來意，小店著重的精神等，誠意而詳細的自我介紹很重要。除了寫信外，因為在日本商社工作期間，接觸過開生活用品店的人脈，有些商品是透過這樣的關係，品牌才願意將商品賣給小店。

OWNER

Leslie Wang（六年級生）
創業資歷 2-3 年

Leslie Wang 的

SHOP MANAGEMENT

生 活 商 社 的 Q & A

寄賣商品銷售反應不好怎麼辦？

A2　自己店內的商品因為進貨的數量不多，因為是自己也很喜歡的，抱持著賣不出去也可以自己用的心情，寧可讓它慢慢賣，也不會打折拋售。自己創立的品牌在其他通路寄賣，如果通路沒有反應，有時候就必須退回來，換其他商品測試看看。雖然商品放在其他通路寄賣，但不代表經營者就能高枕無憂，最好能勤跑現場，實際詢問顧客的反應，建立良好關係後，通路也較願意幫忙宣傳。

如何將獨立品牌拓展開？

A3　隨著品牌逐漸曝光，Everything in Between 也吸引具有同樣理念的小店，以策展或聯名方式進行產品開發，例如小器的、好丘「好帶袋選」特別企劃、好好的「好好吃飯」隔熱墊開發；而隨著土庫里在地刊物暖太陽的店家串聯運動，Everything in Between 也計劃與周邊小店聯合創作，生產具有在地故事的商品，讓小眾品牌玩出更多趣味。

SPACE DISPLAY
生活商社的空間陳列規劃術

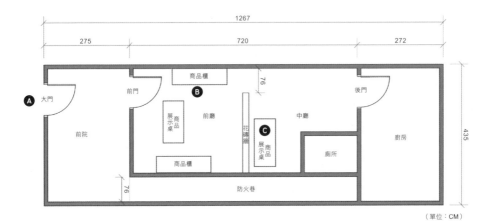

（單位：CM）

生活商社位在一棟窄小的老房子內，建物過去是美軍駐台中的宿舍群，洋樓格局結合老台灣味，配合藍色系的老馬賽克磚，將鐵門刷成淺色湖水藍，加上植栽美化，使老屋有了新風貌。鏽鐵與馬口鐵結合的店招十分引人注目。

受限老房子格局，店鋪空間不大，加上裝修經費有限，整體空間主視覺運用色彩來營造。主牆面刷上湖水綠，掛上畫家朋友熱情贊助的畫作，加上紙廠退役的白色古董櫃，對比鮮明的色彩，使小空間也能有層次感。

老屋特殊的隔間材料，使用鏤空的老花磚堆砌而成，前一手房客將花磚牆漆成鮮黃色，使原本黯淡的牆面頓時亮了起來，磚牆的幾何造型裝飾感強烈，無須再使用壁紙。此外，牆面鏤空也很方便懸掛展示包包。

SPECIAL ITEMS
生 活 商 社 的 特 色 產 品

1

帆 布 包

生活商社自創品牌 Everything in
Between，專攻帆布材質設計，除
了日用包款，也開始製做 Plant Bag
植栽袋。

2

Chemex 手沖咖啡壺

在咖啡界相當知名的美國 Chemex 手沖咖啡
壺，獨特的漏斗造型，上層可直接放濾紙，也可
放上冰塊，瞬間就能沖出冰咖啡。

4

月 兔 印 琺 瑯

月兔印（TSUKI USAGI
JIRUSHI）是日本最經典的琺
瑯品牌之一，創立於1923年，色彩
鮮豔漂亮為一大特色，手沖壺為不少咖啡職人的
愛用品。

3

牛 角 湯 匙

使用牛角等天然素材製作的湯匙餐
具，透明感的質料相當特別，另有以
貝殼製成的款式。

5

顧 上 翎 陶 作

台灣新生代陶藝家顧上翎
的陶作，充滿女性柔美的
姿態，是生活商社的獨賣
商品。

綠色的小門進入可通往私人
住家，以及招待朋友的民宿。

FANTASTIC SHOP

14

木子到森
MOZIDOZEN

ADD
台南市中西區府前路一段122巷81號

TEL
0918-878-080

TIME
週三-週日：14:00-18:00

WEB
www.mozidozen.com

堅持獨立精神，闖出木藝新品牌

使用回收木料進行設計的木子到森，從小小工作室發展為獨立設計品牌，從市集擺攤一路發展超過5年，李易達堅持手作精神不僅打響名號，新成立的品牌展售店也成為手作品牌的推廣基地。

「老屋欣力」促使台南觀光發展熟絡，因廣大消費市場需求刺激當地文創發展，市場供需加上相對低廉的開店成本，使台南吸引不少新一代設計師移居，成了南台灣重要的文創之都。近幾年，在台南冒出頭的獨立品牌不少，其中已發展 5 年的木子到森（MoziDozen）因專注於精巧的木藝創作而一枝獨秀。

從擺攤一路走來，去年品牌創辦人同時也是設計師的李易達決定 Open Studio，圍繞著品牌核心精神成立小賣舖，推廣相同想法的設計選物。

市集擺攤打入文創市場

並非設計背景出身的李易達，就讀的是研究模造生產的專門科系，卻也因為如此，讓他更加渴望回歸手作，生產機械無法取代的設計。有心朝向

1 木子到森工作室位於有著可愛鐵花窗的老房子內，綠色的小門可通往私人住家，及招待朋友的民宿。
2 為了節省開店成本，並且符合回收精神，展示桌將老桌板上漆直接使用。
3 從退伍到現在持續不斷創作木藝的李易達，認為木子到森所象徵的是獨立精神。

木子到森的 **三大獨創特色**

❸ 不因設計而砍伐
木子到森希望地球的樹木不會因為設計而倒下，因此所使用的木料都是回收使用舊木料，大多都是老房子拆除下來的樑與柱，為了適應材料的特性，設計上提升了困難度，甚至有些設計刻意保留的木料歷史痕跡。

❷ 獨一無二的標號
由於手作關係，隨著技法與每批木料不同，每一種產品在不同期生產的成品都不盡相同，都具有獨一無二的特性。此外，每一個產品都具有編號，消費者可以很清楚知道買到的筆或燈是木子到森的第幾件作品。

❶ 堅持手作精神
木子到森成立以來一直維持自己設計與生產，親手完成是木子到森很重要的品牌精神，所有的產品大至燈具、小至一支木筆，都希望客人買的木藝設計品，都是具有工藝精神，並且飽含著工匠用心製作的心意。

木藝創作的他，學生時期便將獎學金全數用於購買設備，利用課餘時間進行研究。退伍後，他隨即在高雄租了一個小房間，成立一人工作室。

創業初期，品牌未能負擔店鋪租金，只能在市集擺攤販售。五年前，高雄文創風氣尚未興起，前半年的經營狀況不樂觀，盈餘甚至不夠支付工作室每個月七千元的租金。後來，在友人邀約合夥之下，李易達決定轉戰市場，以和高雄差不多的租金成本，將工作室遷至台南。

到了台南之後，由於咖啡館或小商鋪提供大量的寄賣機會，才使品牌逐漸穩定，並能收支平衡。

隨著市場反應穩定，多數人會選擇走上量化，使利潤倍數成長。然而，李易達並不這麼做，他選擇維持固定產量，但將產品的質料與細膩度提升，藉由設計品質進階來提升訂價。李易達認為，木子到森所

代表的精神是獨立，凡是都要堅持自己來。

打破思考限制提升獨特性

一般工業設計的設計模式通常前端完成設計圖後，便委由工廠進行打樣，經過反覆修正定案，最後才能進入生產線。無論生產端是由人工一個個製做，或是採用開模鑄造大量生產，對於極度要求的設計者而言，反覆修正至完美的過程中，所消耗的成本並非小眾品牌所能負擔。

所以李易達一開始就決定所有創作都必須從頭自己來。他前後投入20多萬資金購買木工設備，工作室內所有設備加起來幾乎等同一間木工廠的所有機能。「這筆投資非常划算，因為這意味著木工在一個小房間內就能完成；而降低生產成

4 牆面淺灰藍色的油漆突顯木頭燈的溫潤。

5.6 今年新加入團隊的助手 Panda 也開始投入創作，新發表的木餐具與名片插頗有風格，讓人相當期待未來的發展。

7 空間所用的一切櫃體、書架、木燈，都是李易達親手設計釘做。

8 前廳角落的邊櫃上展示著一盞手造紙檯燈，是李易達早期嘗試的絕版作品。

9 直接取材自二手木料的木時計，黝黑的表面是用火燒而成。

10 小賣鋪內挑選的寄賣商品，都符合與木子到森一樣的手作精神。

另類量化鼓勵小品牌誕生

從一開始的木筆創作，到後來陸續開發木時鐘、吐司杯墊、碟子等，隨著技巧累積純熟，李易達將創作重心移轉到難度更高的木燈具開發。當定量生產的商品與客製化商品兼容並蓄，使成品牌，才能使手創市場因豐富多元而壯大。」

本的最大好處，就是創作思考的限制也減少了。」

然而，降低成本卻不意味著提升利潤空間，手藝者通常面臨的最大瓶頸是時間壓力。

尤其，李易達的創作中有不少不規則的曲線造型，製作起來更加耗時費工；例如大受歡迎的鹿角燈，光是製做一對鹿角花要花費的時間等同於製做三個身體底座。為了平衡時間成本，木子到森的訂價策略直接依照所費時間來計算。李易達表示：「我認為這是反映工藝複雜度最直接的方法。」

本、時間、利潤分配達到平衡，木子到森品牌發展至成熟期，李易達於是將工作室擴大，搬遷至現今的位址，一棟三層樓的老宅。新所的租金大約2萬，基本開銷雖然提高了兩倍，但因為房子空間很大，李易達使用分成三等份，即一樓賣鋪（含奇賣小店）、二樓民宿、三樓住家兼工作室，使額外多出來的空間可以獨立運作，自行平衡租金成本。

過去五年，木子到森品牌發展規模從一個人到兩了人維持了很長一段時間，近來才招收助理發展到三個人的規模；而新加入行列的助理在李易達的要求下，也開始獨立發展品牌。「我希望夥伴都是以獨立創作人的身分前來，他們除了協助創作與營運，更要有自己的創作想法，如此，台灣才能有很多像木子到森一樣的獨立品

OPEN DATA

木 子 到 森 的 風 格 小 店 財 務 報 告

DATA_3 產品暢銷比例

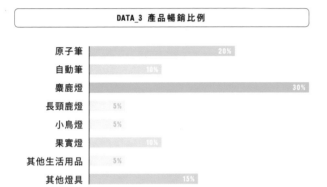

原子筆	20%
自動筆	10%
麋鹿燈	30%
長頸鹿燈	5%
小鳥燈	5%
果實燈	10%
其他生活用品	5%
其他燈具	15%

DATA_4 營業收支圖

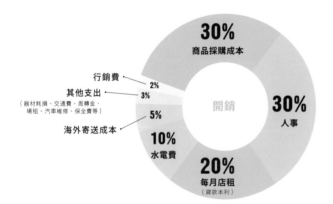

開銷

- 30% 商品採購成本
- 30% 人事
- 20% 每月店租（貸款本利）
- 10% 水電費
- 5% 海外寄送成本
- 3% 其他支出（器材耗損、交通費、周轉金、場租、汽車維修、保全費等）
- 2% 行銷費

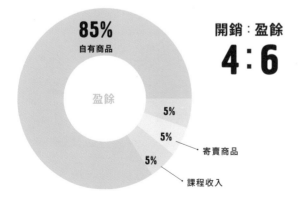

盈餘

- 85% 自有商品
- 5% 寄賣商品
- 5% 課程收入
- 5%

開銷：盈餘

4：6

DATA_1 基本費用

● 空間規劃費：1 萬

● DISPLAY 花費：1 萬

● 設備費：10 萬

木工機具，如鋸台、鑽床、車床、帶鋸機、平鉋機、砂布機等

● 囤貨資金：1 萬

大部分作品須訂購後才製作

● 房租：2 萬／月（押金6萬）

● 週轉金：10 萬（半年）

● 改裝歷時：3 個月

DATA_2 營業額

● 旺季月營業額：5 萬

● 淡季月營業額：3 萬

● 年營業額：60 萬

> **手作品牌最大的挑戰是什麼？**

A1 手作相當耗時，往往有量化困難，創作者的時間、體力、利潤分配相當重要。木子到森旗下的商品主要分為木燈、木筆、以及其他生活小用品，如杯墊、時鐘、餐具等，從過去到現在，最暢銷的依舊是木筆。假設要靠賣木筆來維持自己與妻子的收入，每個月至少要製做100支筆，體力上根本無法負荷。所以，手作品牌通常要有利潤空間較大的差異化商品，例如木燈的價值在於創意，而一盞的利潤可抵十隻筆。

OWNER

李易達 Dozen（30）
創業資歷 5 年

李易達的

SHOP MANAGEMENT

木 子 到 森 的 風 格 小 店 財 務 報 告

> **擴大品牌經常遇到何種迷思？**

A2 當品牌建立知名度後，可能會吸引百貨業者或其他品牌的訂單邀約，通常專屬禮品的訂單一次的量非百即千，完成後可以收入一筆不小的貨款，相當吸引人。但這個量對於純手作的創作者而言，是很沉重的負擔。必須佔用很長一段時間來反覆作業，容易擠壓到品牌自身的研發時間，尤其工時長、開票晚，風險相對較高。大筆訂單對手作品牌的影響很大，不少會在此階段轉型為量產，也有撐不過挑戰而陣亡。

> **價格調漲是否會引起熟客反彈？**

A3 純手工製作意味著生產過程與精細度與創作者的手藝息息相關，木子到森經過五年的磨練，手藝上有所精進，選用的木料也更加要求，我認為將這些進步反應在價格上是很合理的。一支木筆的定價350元到了現在一支木筆可以賣到650元，剛開始調整價格，消費者也會有所質疑，但他們實際比較不同階段的創作，也都能被品質說服。木子到森的創作歷程從過去「工廠可能做得到」到現在「保證工廠做不出來」是有很明顯不同。

SPACE DISPLAY

木子到森的空間陳列規劃術

院子

展示間1　　Ⓒ

工作區

展示間4　Ⓐ

走廊

室外梯

展示間2　　Ⓑ

展示間3

廁所

倉庫

700

290

（單位：CM）

Ⓐ

創業成本有限，空間應用順應老屋空間，原本地板架高的和室直接利用，使用二手棧板、木梯、桌板等材料自行釘成展示桌，這個小房間主要展出燈具，並有各種材質可選，消費者可在此挑選訂製燈具。

Ⓑ

整個一樓空間的裝修費用大概只花了一萬塊，多是利用油漆配色修飾，燈具使用自己設計的木吊燈、木立燈，直接將效果展示於空間。此房間為小賣鋪，展售朋友創作的商品，利用皮箱等老件來區分展示，亦可增添氣氛。

Ⓒ

工作室結合住家，一樓空間做為賣店、二樓做為民宿、三樓以上為私人空間，為了將動線分離，因此將內梯封鎖起來，並直接利用梯階做為書架，這裡展示許多李易達收藏的木作工具書，興趣者可直接坐下來閱讀。

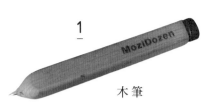

1

木筆

從創業以來就一直人氣不斷的木筆，共有自動筆與原子筆兩種，一體成型的筆身很溫潤，按壓開關使用簡單彈簧與螺帽構成。

2

Deer 鹿角燈

2010年初版設計的鹿角燈是木子到森的招牌設計，作工細膩的鹿角突顯愛迪生 E27 燈泡的光芒。

SPECIAL ITEMS
木 子 到 森 的 特 色 產 品

3

小夜燈

木子到森成立以來一直維持自己設計與生產，親手完成是木子到森很重要的品牌精神，所有的產品大至燈具、小至一支木筆，都希望客人買的木藝設計品，都是具有工藝精神，並且飽含著工匠用心製作的心意。

4

三角燒瓶小精靈

2014年新作的小精靈系列，三角燒瓶加上孩子的笑顏，轉轉它的鼻子可以調光。

火箭燈

2014年新作的火箭燈，燈點亮時，火箭噴射光芒，如同加速發射，讓靜態的桌燈多了動態的趣味性。

5

彩虹來了
RAINBOW IS COMING

ADD
台南市中西區正興街100號

TEL
06-220-2868

TIME
14:00-21:00，週二、週三公休

FACEBOOK/WEB
Rainbow Is Coming-彩虹來了
www.rainbowiscoming.com

聚焦小眾市場，品牌串聯玩出新商機

在台南提起彩虹來了，幾乎無人不知無人不曉，店主之一的Erik更被人們稱為地下里長。這個小眾服裝品牌歷經7年發展，從網路平台一路走到實體店鋪，兩位創辦人具有不安份的靈魂，他們多方面跨界，並投入串聯運動，將品牌熱情化為推動街區復甦的能量。

三年前來到台南正興街，未發現媒體上經常露臉的名人們大都喜歡穿著素色的衣服，加上台灣人普遍喜愛日系品牌簡約的設計風格，而他們發現台灣本地並沒有類似的品牌，於是決定創造一件讓人發自內心感覺舒適的好衣服，並且從布料、剪裁、包裝、出貨全都由台灣製造。

二○○七年，Erik 與 Mavis 的品牌先在網路起家，以簡單、多彩、質料好為定位，推出主打 7 種彩虹顏色的服飾，命名並直接連結概念，就叫做彩虹來了。創業初期，考量經濟因素與分工需求，當時僅有 Mavis 選擇離職全心投入，而負責行銷的 Erik 則繼續在公司工作，維持一份固定收入。

剛開始，Erik 運用擅長的網路行銷手法，串聯部落客發起「穿著彩虹去旅行」等活動，藉此打響品牌知名度。然而經營了半年之後，他發現網路銷售的觸及有限，營業額已達均衡，無法再提升。這時台灣正興起創意市集，於是兩人在網路經營之餘，也投入創意市集行列，在西門町紅樓、華山酒廠簡單生活以及高雄等地擺攤。抱著姑且一試的心態，Erik 原本並不看好市集消費力，沒想到幾場下來，結果出乎意料。「當時甚至創下單日營業額破萬元的紀錄！」Erik 說。

也因為如此，才讓兩人發現彩

從網路走向實體的契機

彩虹來了是由同是六年級末段班的年輕夫妻 Erik 與 Mavis 創立。Erik 與 Mavis 原本任職的電信公司，負責品牌經營與行銷工作。在創業之前，他們過著緊張高壓的生活，對工作全力以赴，卻也因為不滿足於生活品質，決定走上創業之路。

創業之前，Erik 與 Mavis 曾認真觀察台灣消費市場，他們

店，難以想像今日遊人若織的盛況。說穿了，正興街不過是一條被海安路光環掩蔽的沉寂小巷。直到彩虹來了在此開張，老屋改裝的展售空間恰巧搭上「老屋欣力」的風潮，於是成了正興街發展的浪頭。幾年下來，彩虹來了成功串聯友好小店，凝聚成一股不容小覷的民間力量。

有時髦的咖啡館與冰淇淋

1

彩虹來了的
三大獨創特色

❶ 全色系滿足消費者需求
彩虹來了的主力產品為服飾，好的布料通常只會有一、兩種顏色，要湊齊全色相當困難。而彩虹來了因自行訂製布料，可有七彩顏色，加上黑色與白色，共有九種顏色可選，滿足消費者搭配的需求。

❷ 提高門檻杜絕仿冒者
訂製布料的門檻高，一色至少要 100～150 公斤，若一次下單九種顏色等於要事先囤一噸的布料，光是買布的成本就要五十萬以上。由於布料再加上工本的成本佔得太高，至今尚未出現競爭者。

❸ 文創結盟使品牌走向多元
將街道串聯運動結合品牌，推出以小滿食堂、IORI 茶館、正興咖啡館、泰成水果店等店家為主題的正興一條街文創商品，將與街共存的人情事故相連成為生命共同體，期許彩虹來了成為一道橋樑。

1 一樓屬性定位為觀光性質，二樓則提供熟客較深度的消費體驗。
2 創業至今7年，Erik認為品牌獲益已滿足生活需求，接下來會心力放在串聯運動上。

2

虹來了在實體通路的銷售表現是具有潛力的。

擴張與縮減的品牌拉鋸戰

闖蕩市集3年下來，隨著Erik離職，兩人決定移民台南開店。為了節省成本，以及考慮來店的大多是熟客專程前來，Erik選擇在冷門地段，並自行改造一棟45年老屋做為實體店鋪。由於老房子邊界有狹長難用的倉庫，拆除二樓與三樓地板，改成採光良好的鏤空地板，並儘可能回收拆除建材與價格不高的自然素材，如鵝卵石、木頭等，沒想到卻創造出自我風格。二〇一〇年，老屋熱潮剛起，彩虹來了也搭上話題，成了媒體寵兒。品牌努力拓展曝光率的同時，也開始嘗試與誠品商場、博客來等展開合作，全盛時期大約達到7～8個寄賣點。

Erik離職，兩人決定移民台南開店。為了節省成本，以及考慮來店的大多是熟客專程前來，Erik選擇在冷門地段，並自行改造一棟45年老屋做為實體店鋪。

南開店的財務，必須增加一名全職員工。若是扣除人事成本、損耗成本（每個寄賣點都要備有一套試穿品），加上為了取得較好的陳列位置，還必須花費時間成本定期巡店，打點人脈關係。如此勞力傷財，平均下來每個月的營業額也不過才增加了三萬元。Erik說：「這違背了我們當初創業的初衷，與其如此，我寧可將心力放在更有意思的事情上。」

隔年，Erik當機立斷不再玩通路遊戲。恰好，當時店內員工離職，逢缺不補的情況下，公司規模從四人削減至最初的兩人加一名工讀生。人事縮減後，Erik與Mavis決定親自顧店，沒想到，在回收通路點之後，營業額竟然還提高了30％！

品牌急遽擴張，容易製造高知名度的錯覺。實際上就經營層面來看，為了管理額外通路

「這證明了光顧小店的消費

3.4 為了節省行銷成本，品牌所有製作物的設計與攝影都是 Erik 一手包辦，連模特兒都是親朋好友跨刀。

5 將彩虹概念延伸，品牌也推出自有文創商品，例如為正興街設計、代表各小店的正興概念 T、吉祥熊吊飾、概念筆記本等。

6 三樓稱之為學席，保留下來的和室鋪上榻榻米，拆除樓地板的木料請木工師傅現場做成大桌，省去清運費用，簡簡單單多了課程空間。

7 一樓做為品牌展示與好友商品的寄賣店，兩側以吊掛服飾為主，中央長桌區則是有各種小物、紙製品讓旅人挑選把玩。

8 今年六月份才剛改裝好的二樓空間，取名為入光。

8

培養對的消費者更重要

彩虹來了品牌走了將近七年，在成立的前三年是單純的服裝品牌，有了實體店面之後，他們將二樓與三樓整理為開放空間，提供朋友展覽或開課使用，讓遠道而來的熟客除了買件衣服，還能有更多的體驗。二〇〇七年，為了展現品牌的多元價值，Erik 與 Mavis 決定投入出版，邀請台中實心美術參與設計，將多年旅行的心得集結成書，獨立發行了《台灣人物誌・七種民宿的旅行》。這本書雖只有小量印刷，在草祭二手書店、阿之寶等小店販售，沒想到卻引起極大迴響，光是彩虹來了就售出 500 本，創下獨立書店單店銷售單書的銷售紀錄。抱著不求利潤、痛快玩一場的心態跨出本業，沒想到卻吸引了另一群專程來買書的客人，而拓展了新的消費者。

有了幾次與眾不同的跨界經驗，Erik 發現品牌經營並非一昧提升知名度。他認為：「養對的消費者比養人氣還重要。」舉例來說，去年他們聯合了正興街一帶的小店舉辦小屋唱遊封街活動，靠著熱情遊說贊助，僅僅花了九千塊成本，就吸引了兩萬人次到場。透過活動，他們將人氣分配給不同店家，藉此提振正興街整體的經濟與商圈形象。Erik 認為，辦活動的目是為了好玩，在過程中是否賺到錢不是首要考量，最重要的是，彩虹來了培養潛在消費者對品牌的正面印象。

者不單純只是為了購物，更期待能和店家之間建立買賣之外的情誼，因此能和店老闆聊上一會兒，了解品牌精神，這種面對面的行銷還是最能打動人心。」

店販售，沒想到卻引起極大迴響，光是彩虹來了就售出

OPEN DATA

彩 虹 來 了 的 風 格 小 店 財 務 報 告

DATA_3 產品暢銷比例

自有品牌	70%
買斷商品	10%
寄賣商品	17%
課程講座	1%
設計服務	2%

DATA_4 營業收支圖

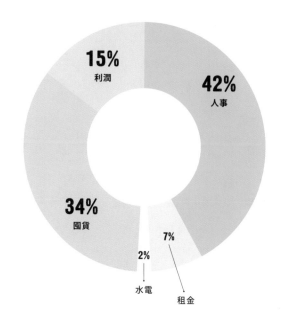

15% 利潤
42% 人事
34% 囤貨
2% 水電
7% 租金

DATA_1 基本費用

● 空間規劃費：19 萬

● DISPLAY 花費：8 萬

● 設備費：10 萬

● 囤貨資金：80 萬

● 房租押金：2 萬

● 週轉金：50 萬／一年

● 改裝歷時：2 個月

DATA_2 特色商品

服飾、出版、文創商品

> **你認為創業者最重要的特質是什麼？**

A1 創業者最重要的一個觀念是，凡事都要親力親為。天底下沒有聘請了一個員工，就能保證銷售長紅，老闆可以放手去享受生活。如果雇用了沒經驗的員工，老闆要親自訓練，讓員工可以懷抱熱情向顧客傳達品牌精神，如果聘請一個能力強的員工，老闆反而要跟在員工身邊偷學，觀察他是如何提升銷售額，把別人的專長學到手。

OWNER

高耀威 Erik（38）
創業資歷 7 年

另有夥伴陳雅文 Mavis

Erik 的
SHOP MANAGEMENT
彩 虹 來 了 的 Q & A

> **如何消弭網路購物的隔閡？**

A2 為了消弭網路購物的冷漠感，每一位購買彩虹來了的消費者收到商品時，都會發現隨上附的手寫小卡。這張小卡都是我們親筆寫的，除了感謝支持之外，還會像朋友一樣分享台南生活的近況。這個一個小小的動作，可以幫助我們記住所有曾經在網路購物的客人的名字，甚至是喜好與當時選購的商品。我們經常遇到網購的客人來實體店參觀，儘管彼此素昧謀生，但聊起天時卻一點也不陌生。

> **為何創意市集的成效如此大？**

A3 彩虹來了能在創意市集爆紅，其實要回歸到品牌創建對品質的堅持。我們自行開發的布料採用 32 支精梳棉加上 5％萊卡，由於質料好，消費者一摸便知道，再加上創意市集不是天天都有，有不少上不上網的媽媽族群擔心日後買不到，往往一次都買好幾件。

SPACE DISPLAY
彩虹來了的空間陳列規劃術

3F
400
268.5 | 95.5

工作桌
上課
講座空間
空中陽台
倉庫
廁所
DN
615
900
261

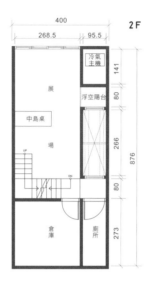

2F
400
268.5 | 95.5

冷氣主機
展
浮空陽台
中島桌
場
倉庫
廁所
UP
DN
141
80
266
80
273
876

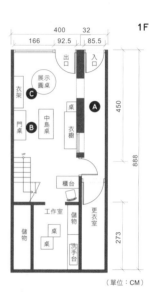

1F
400 | 32
166 | 92.5 | 85.5

出口
入口
展示圓桌
衣架 C
桌 A
門桌 B
中島桌
衣櫥
櫃台
工作室
儲物
更衣室
儲物
桌
桌
洗手台
UP
450
888
273

（單位：CM）

A

房子因土地徵收關係，留下狹長的走廊空間。過去屋主一直拿來做為倉庫，堆滿了雜物，使得空間顯得非常陰暗。為了提升房子採光，乾脆打通二、三樓天花板，以透光網格取代，使倉庫變成採光天井，鋪上卵石子成為小店充滿特色的意象走廊。

B

活用空間現況，減少不必要開支。為了節省成本，房子簡單清理、粉刷後就使用了，陳列上結合台南老房子現有壁櫃、窗戶等格局特色，其他則使用可活動的家具陳列，方便日後靈活調整。

C

陳列用的平台可不限於制式家具，例如老舊的木箱、皮箱或斗櫃等，依照商品不同屬性使用，可增添品牌的魅力。尤其，肥皂、精油、紙膠帶等小物，用大大小小的木抽屜分類陳列，不但美觀，視覺感也能整齊。

Ki 媽手工皂

這是兩人旅行到花蓮時發現的在地手工皂品牌，那簡單與樸實的包裝底下，無論手工皂、護唇膏、修護膏等，都是使用天然精油製作。

2

1

Ｚｅｒｏ 概念系列

取自佛教「緣起性空」的概念而創作，Zero 系列倡導人們回歸到零的狀態，尋得合一、平靜的大我。

SPECIAL ITEMS

彩虹來了的特色產品

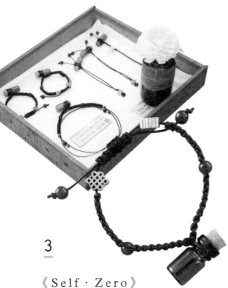

3

《Self · Zero》
隨香瓶項鍊

軟木塞褐玻璃瓶可裝純精油揮發香氣，黑蠟繩質加上玉髓，可平穩情緒。小量手作新推出。

4 正興一條街概念 T

期許彩虹來了能夠成為搭建小店情感的橋樑，因此推出以「滿」、「繕」、「興」、「果」等字樣代表小滿食堂、阿芬衣服工作室、正興咖啡館、泰成水果店等商號的潮 T。

FANTASTIC SHOP

16

好樣思維
VVG THINKING

ADD
台北市杭州北路、北平東路口
華山文創產業園區‧紅磚六合院 C 棟

TEL
02-2322-5573

TIME
12:00-21:00

FACEBOOK/BLOG
好樣VVG
vvgvvg.blogspot.tw

跨界經營，深化各領域美學

1999年開始，縮寫為VVG的好樣，推展著Very Very Good的生活概念，持續追求將美學貫注到事業裡，創辦人之一的Grace認為，如同巧克力有最佳賞味溫度一樣，好樣的精神就是製造人在生活的時候所需要的最佳溫度。

已有16年歷史的好樣集團（以下簡稱VVG），從好樣餐廳、好樣餐桌、好樣棒棒、好樣本事，到位在華山文化創意產業園區倉庫內的好樣思維，好樣從小店發展成集合生活一切美好的巨大空間。這個以風格與美學為能量的事業體，從小店開始，跨足餐廳、B&B、烘焙、書店、展覽等不同業別，一次一次練習，策動生活概念深化，而成為台北一支具有影響力的團隊。

從不模仿自己、更不與他人雷同的好樣，不但為城市帶來珍珠散落一地般的驚喜，在VVG好樣負責人Grace Wan的眼中，好樣每一個事業體都不同，每次出擊都是全新經驗。「我們從不停止創業！」她說。

精品美學薰陶走出差別性

談起好樣的發跡，必須回溯

1 聚集大量小東西，呈現獨到的陳列美學。
2 原本台味十足的紅磚倉庫，卻在好樣的改造下換上濃濃的歐洲氛圍。
3 歷史悠久的屋桁架、桁架，使得空間本身充滿魅力。

好樣思維的 三大獨創特色

❶ 不抄襲自我

走過16年歲月，VVG旗下發展的事業從餐廳、外燴、甜點店、書店等，對於團隊而言，每一間小店的創立都如同創業，必須從頭思考空間、商品、人員訓練等，但也因為不故步自封，使好樣每一次表現越益精湛。

❷ 取自電影靈感

好樣的空間設計深具魅力，往往揉合了新與舊、國內與國外等多元文化元素，熱愛藝術的Grace認為電影是學習美感的捷徑，其實好樣的店舖設計也可見蛛絲馬跡，例如好樣棒棒的靈感就是來自凡爾賽拜金女。

❸ 用公益回饋客戶

一直以來，VVG視好樣本事為體系內的公益事業。走進店裡，可以發現擺了很多椅子，人們不需要消費也能坐下來看書。希望人們可以因為一本書得到靈感、創意，這樣就是對社會有所貢獻。

到13年前，那間藏身在忠孝東路巷裡的餐廳VVG Bistro。VVG剛開始是一間小餐館，Grace與三個股東原本是想將歐洲飲食概念帶入台北，用真實的精神和態度來做料理，倡導Homemade媽媽菜的概念。

在餐飲市場激戰的東區，小店生存不易，VVG因此思考發展外燴服務來增加收入。

「當時我們發現台灣外燴服務呈現兩極化，要不就是辦桌，要不就是飯店外燴。可是飯店的熱食外燴份量總是很大，用在Fashion Party總覺得怎麼吃就是不優雅。」因此，Grace與主廚研究引進國外Finger Food概念，創制了精緻外燴的新風格。

勇闖新市場的VVG猶如初生之犢，第一個承接的生意便是Louis Vuitton。Grace表示，因為第一個客戶的啟發，這13年來夥伴們受到精品的教育逐

漸提升水準，也一步步制定了VVG的標準。這一路走來，VVG不僅自身走出差別性，也下了極大功夫去改變市場樣貌，因緣際會將品牌推上奇幻的旅程。

最壞的時代
也是最美的時代

從一九九九年創立到二〇〇九年，VVG將有意思的餐飲概念拓展開來，並且也經營過一間小小的B&B旅店。就在品牌成立十年之際，金融風暴席捲全球，台灣景氣也陷入史無前例的低迷。這股低潮持續了18個月，當時沒有人知道景氣會不會回轉，許多企業的發展策略都轉趨保守。

然而，當別人退卻之際，Grace卻認為VVG不應如此，而是要成為鼓舞社會的力量。

「我決定利用餐廳對面的小倉

4 古董櫃內琳瑯滿目的杯款。
5 書區隔壁為服飾區，可找到嚴選的服飾與香氛產品。
6 小至線卷這樣的物件，都令人愛不釋手。

從一間餐廳
變成一種風格

庫，開一間只有 13 坪的書店好樣本事（VVG Something），當時這個決定嚇壞了很多朋友，他們都說你瘋啦、這是穩賠生意，我覺得既然書店小又不會賺錢，那我就它不必賺錢就好了！」於是，Grace 將好樣本事定位為獨立書店，錯開傳統實體書店與網路書店思維，以「自己想看」為標準來挑選書目，並利用這樣的空間開始導入各種有趣的 Workshop。

默默經營兩年之後，隨著金融風暴消褪、景氣緩緩復甦，好樣本事因被紐約娛樂新聞網 Flavorwire.com 評選為「全球最美的 20 家書店之一」，聲勢瞬間大漲。一瞬間，人們看待 VVG 的方式不再只是「餐飲業」，而是「文創業」，販售的不

7 大量歐洲古董陳列，提煉出濃濃的電影氛圍。
8 工業扇、化學材料筒等粗獷元素混搭出奇妙的風格。
9 因為展覽與手作體驗課程，特別推出的線卷。
10 琺琅壺的經典成就店內質感。

再只是商品，而是一種風格，甚至是一股社會影響力。

從開店至今，好樣本事共辦了150幾場Workshop，平均兩週一場，另外還有展覽、市集等活動，VVG以傳達的美好生活經驗取代打折優惠，這另類的會員服務緊緊抓住目標族群的心。儘管景氣惡劣，好樣本事的表現比想像中好，半年至一年就達到損益平衡，有時還能創造盈餘。

到了二〇一四年，VVG進駐華山紅磚六合院區，創立好樣思維，這個融合磚瓦建築與歐洲古物所打造的氣氛空間，一樓規劃了室內花園與餐廳，二樓則有獨樂樂展覽空間、雜貨賣鋪與書店，而空間內不定期舉辦主題展覽演說與各式工作坊，這個場域化身為一座立體舞台，演出由VVG旗下事業體聯手打造的戲碼，演繹出VVG對於生活各面相的風格態度。

OPEN DATA

好 樣 思 維 的 風 格 小 店 財 務 報 告

DATA_2 產品暢銷比例

餐飲　70%
書店　10%
雜貨　15%
空間設計案　5%

DATA_1 特色商品

餐飲、日用品、書籍

DATA_3 營業收支圖

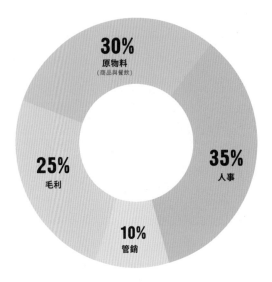

30%
原物料
(商品與餐飲)

35%
人事

25%
毛利

10%
管銷

> 如何培養自己的品味敏銳度？

A1 有一部份是成長環境使然，從小我的父親就是很注重生活的人，從小就會買一些好看的設計品，帶我們去吃好吃的食物、看有趣的電影，漸漸培養起來。如果是後天養成，我認為看電影是最快的養成方式，一部電影是時裝、構圖、影像、文學的總合，仔細看一部電影就等同於帶領你去一趟美學的旅行。

OWNER

Grace Wan
創業資歷 13 年

Grace Wan 的
SHOP MANAGEMENT
好 樣 思 維 的 Q & A

> 怎麼把一人想法
> 傳達變成整個團隊的共識？

A2 我與企劃部門設了一個愛設計的群組，無論我在哪裡，有時候看到好玩有趣的東西，就會即時把東西傳給大家，大家可以隨興跳進來討論，這個小動作就是潛移默化，將大家的腦波調整到一致。資訊的傳達快速，可以讓下決定有效率，大家往前走的腳步也會快。此外，我也是一個很雞婆的人，對於員工生活的小細節也會給予意見，甚至出國也會帶著員工一起體驗，這些都是培養團隊美學的方法。

> 當一個創新者應該有什麼特質？

A3 我曾經也有過痛苦的時候，但我認為財務是可以解決的，人的問題卻很難解決。2008 ～ 2009 年金融海嘯期間是我最辛苦的一段日子，18 個月賠了 1800 萬，平均一個月賠 100 萬，每天都過得很辛苦，甚至還要去借貸周轉，但我從來沒想過要收起店。渡過那段期間，好樣還是走過來了，所以我認為做自己喜歡的事情，就沒有什麼好害怕的。

SPACE DISPLAY

好樣思維的空間陳列規劃術

從好樣本事開始，VVG 開始加入展覽、體驗等活動，好樣思維自然也將此一概念納入。在二樓正對梯間的角落，有一間用玻璃搭建成的迷你展間，刻意將空間縮小，以房間的概念呈現，讓人們享受一個人看展，重拾獨樂樂的心情。

倉庫空間原本只是一間大挑空，團隊進駐後才加入鋼構補強，並且增建了二樓。從一樓到二樓的鐵製樓梯旁有一座神祕巨大的裝置，這是參考達文西手稿設計的飛行器，每準點就會啟動，載著幻想起飛。

舒適的座位有其存在之必要。好樣本事的精神在於啟發人們的創意，因此在好樣思維的書區，同樣也提供免費座席，歡迎人們挑一本好書，坐下來細細閱讀，從中尋找激發靈感的謬思女神。

SPECIAL ITEMS
好 樣 思 維 的 特 色 產 品

1

物外設計

深愛著古舊事物的物外設計，擅長利
用老構件創作燈具，近來則開發各式
黃銅文具。

2

插畫吊飾

插畫家古曉茵以旗下插畫人物製作的吊飾，隨風起舞姿態曼妙。

3

好樣選書

從推廣家庭料理發跡的好樣，對料理有無止盡的熱愛，選
書中可見不少飲食文學、食譜等。

4

松德硝子

創業於 1922 年，致力於手工製造玻璃器具，在東京都傳統
工藝品中有「江戶硝子」的美譽。

拆除老建築天花板，
展現出迷人的扇形結構。

FANTASTIC SHOP

17

阿之寶
A ZHI BAO

ADD
花蓮市中山路48號

TEL
03-835-6913

TIME
11:00-21:30

FACEBOOK/BLOG
阿之寶 A Zhi Bao
www.a-zhi-bao.tw

東部最瘋的文創平台，好物到好食都不放過

玩手創、玩展覽、玩創意、玩台灣味，什麼都要「參一咖」的阿之寶，在花蓮經營8年下來，不斷將全台手作品牌引渡到西部來，隨著擴大營業，如今成了東台灣文創商店的龍頭。不斷轉型的阿之寶，除了做為一個西部文化輸入者，如今更要朝東部文化輸出者邁進！

一店包全台的文創遊樂場

在花蓮深耕八年的阿之寶，創立於二○○九年九月，從前身專業美術設計工作室，後創立手創館，蒐羅全台各地有趣的手作品牌，成為花蓮第一線的文化創意商品交易平台。

一路走來，阿之寶也曾開過小廚房，並辦過展覽空間，玩過一輪各式各樣有趣事物後，二○一三年阿之寶決定將所有空間收回，整合在新搬遷的中山路三層樓老洋房內。在新空間內，阿之寶一口氣將過去嘗試的手創、展覽、飲食等領域經驗揉合，創造出宛如創業歷程大合奏的文化體驗。如今，阿之寶不再是過去扮演文化輸入者角色的禮品店，今日已經備妥滿滿能量，準備當一個花蓮在地好料的介紹者。

過去在雄獅美術工作的曾明誠與陳秀美，十年前為了照顧年邁的長輩，決定辭掉工作遷居花蓮，以小女兒的暱稱為名，成立了阿之寶工作室，為當地藝文機關提供設計服務。

設計工作的任務大多是為了完成客人的需求，做久了難免覺得沒意思。偶然間，他們發現花蓮人若要買禮物的選擇性很少，而兩人又對手藝特別有興趣，於是便想開一間專賣台灣手藝商品的禮品店。

於是，從璞石咖啡館二樓的小小寄賣店開始，阿之寶手創館後來又搬遷到「名產街」中華路上，因為觀光客路過與網路部落客宣傳，迅速累積名氣。幾年下來，兩夫妻費盡心思集結 60 多個品牌：阿原肥皂、蘑菇、木京杉、三和瓦窯、日星鑄字行、大禾竹藝工坊等，販

阿之寶 的
三大獨創特色

❶ 瘋茶館特色料理
阿之寶瘋茶館實現店主的料理夢，聘請主廚具有阿美族血統，擅長改良部落料理。精心研發的餐點如宜蘭西魯肉、馬告鹹豬肉、刺蔥鯛魚等，結合原住民和老台灣傳統料理，非常具有特色，還曾吸引美食節目前來報導！

❷ 台灣好料大集合
店主希望成為台灣好料的介紹所，而好料的定義不止於「物」，更包含了「食」。一樓販售全台各地老字號出品的醬料，如永興特級白曝醬油、崁頂義豐麻油、大越老醋、信成芝麻香油等，也有不少花蓮在地的好品牌，如美好花生。

❸ 文創品牌東部最齊全
店主本身具有美術出版背景，對手藝商品相當熱愛，多年來透過自己挖掘與朋友介紹，集結了大大小小文創品牌，總數超過60多個，阿原肥皂、蘑菇、木京杉、三和瓦窯、日星鑄字行、大禾竹藝工坊等，幾乎喊得出口的都有。

1 位在中華路「名產街」的好位置。
2 阿之寶的不老祕訣，來自陳秀美熱愛手創的赤子之心。

售商品從傳統工藝到設計商品，無所不包，甚至跨足到食品雜什與古董收藏，成了「一店包全台」的文創運轉中心。

用設計工作培育商鋪壯大

創業初期，考量到業務量與開銷問題，只有秀美擔任全職工作，而明誠仍就以設計工作為本業。中間有一度因為明誠想轉換跑道，於是將節約街上的一棟木造老屋租下（現 Orip 有禮店面），整理為「阿之寶小廚房」。三個月後，因為餐館事務比想像中還要繁重，又因覺得花蓮缺乏藝文空間，於是便將餐廳改為「阿之寶小空間」。

三年下來，他們透過設計工作的人脈，將有趣的議題帶進花蓮，舉辦過西藏影展、國際特赦組織展、花蓮老文件、鉛字展等，並與當地學校合作，針對在地學生舉辦了這些很另類的藝文活動。

可惜，成也花蓮、敗也花蓮。「花蓮的生活本身就很舒服，花蓮人不像台北人需要靠著看展覽來抒發心情，辦展光是要吸引來客就是個挑戰。」秀美說，一直以來，他們都是靠設計本業來養這些興趣活動，也從來沒細算過收支，直到租約到期結算，才發現真的付出了不少。到了前年，因為阿之寶手創館現有空間不敷使用，他們覺得中山路上新址，決定

3 一樓以回味為主題，販售老件，也販售食品雜貨。

4 濃濃台灣味的老件，尋得完整成套的古代用量米器，相當難得。

5 台北設計師品牌蘑菇的展示區，使用同樣是台灣設計的實驗紙家具 FlexibleLove™。

6 二樓手創館高懸的剪紙海報，透露兩位店主曾任雄獅美術設計的背景。

7 這建築是花蓮市早年重要的商樓，門面還保留當年「安隆運輸公司」招牌。

8 一樓玩味館古董與食材雜賣，邊把玩古物還能邊試吃食材。

9 每一樣物件都老得令人愛不釋手。

8

要當花蓮好料的輸出埠

全新出發的阿之寶，那建築過去在日治時期是賀田組的辦公室，後來又成為朝日組、更生報的所在地，一直是花蓮重要的商辦大樓。民國40年發生花蓮大地震，老房子於災後重建，當時更被讚為花蓮最美的洋樓。租下這棟荒廢多年的歷史建築，秀美與明誠花費不少精神進行修復工作，重現老建築迷人的扇形結構，賦予阿之的人。」

為這幾年的嘗試做一個結算，將所有的空間收回集中，全力將阿之寶品牌化。

寶迷人的時代感。

規劃上，一樓玩味館集結來自國內外的傳統醬料與古董藝品，二樓繼續提供台灣獨特的優良產品與自創品牌，三樓則全新規劃富特色的餐點飲品。如此上下串聯，實現了秀美長久以來的夢想：開一家台灣好料專賣店。今年六月之後，阿之寶將再次進行調整，一樓將加入外帶飲料鋪，全力推廣花蓮各地的好料。「阿之寶本來是將台灣各地的好料輸入到花蓮來，現在我們要從阿之寶出發，將花蓮在地的好料輸出給花蓮以外

9

OPEN DATA
阿 之 寶 的 風 格 小 店 財 務 報 告

DATA_2 產品暢銷比例

餐點 　　　　　　　　　　　　　50%
藝品 　　　　　　　30%
其他 　　　　20%

DATA_1 特色商品

台灣文創商品、特色餐飲

DATA_3 營業收支圖

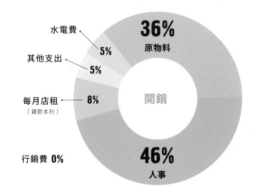

水電費
5%

其他支出
5%

每月店租 —— 8%
（貸款本利）

行銷費 0%

36%
原物料

開銷

46%
人事

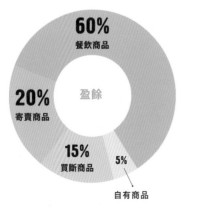

60%
餐飲商品

20%
寄賣商品

盈餘

15%
買斷商品

5%

自有商品

開銷：盈餘
4：6

營業至今有何出乎意料的地方？

A1　三樓的瘋茶館從命名上就能發現我們本來要經營的年輕客人，但後來吸引的客人卻是年齡層較高的在地人，甚至也有不少熟齡族群。我們仔細研究過後，發現是因為這座老房子是當地很具歷史的建築，是許多老一輩人的青春回憶，因為過去封閉很久又重新開放，所以吸引很多人前來回味。另外，這個地點非常好停車，所以假日會有很多親子客人。

一到三層樓的客人屬性不同嗎？

A2　一樓客人的年齡層較高，大概都在 30 歲以上；二樓多為觀光客；三樓多是本地客。二樓的消費客層很有趣，觀光客雖多，但通常只買容易帶走的產品，單價也比較不高；反倒是在地客的購買力較高。這是因為在地客的消費目的是為了送禮，會購買高單價的產品。因此，我們對於在地客的想法是：不需要每天都來，但有送禮需求時，會將阿之寶列入選擇，這樣就夠了。

OWNER

陳秀美（50）
創業資歷 8 年

陳秀美的
SHOP MANAGEMENT
阿之寶的 Q & A

新進品牌如何經營？

A3　我們對新進品牌通常會觀察三個月，如果銷售反應不佳，我們會建議品牌輪替商品試看看，也許就能找到適合當地的商品。試賣期間如果一直無法起色，我們也會建議品牌放棄寄賣，每個通路的消費者屬性都不同，品牌在這個通路表現不好，未必在其他通路表現就差。

如何判斷品牌是否應該買斷？

A4　若每個月有固定的消費額，銷售成績穩定，就可以考慮買斷。稀有性或獨特性高的產品雖然可以增加店內亮點，但通常很難買斷，也具有高風險，除非很有把握可以銷售出去，否則不會採用買斷的方式。除非是消耗性產品，例如食品，通常採用買斷。

SPACE DISPLAY

阿 之 寶 的 空 間 陳 列 規 劃 術

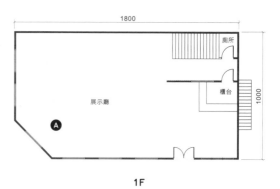

一樓玩味館的「味」包含味蕾之味與記憶之味，陳列運用大量國內外古董家具，在地食品雜貨擺在老菜櫥內展示，格外彰顯濃濃台灣味。此外，背景乍看猶如貼著壁紙的牆，其實是房子早期特殊粉刷技法。

1F

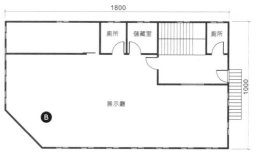

二樓手創館將原本天花板拆除，同時也拆除三樓局部樓地板，使上下空間貫穿成巨大的挑空，除了可以讓空間更明亮之外，這個挑空場域過去阿之寶小空間的概念併入，販售商品之餘，也可做為主題展覽空間。

2F

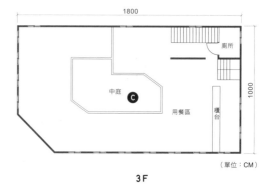

隨著阿之寶搬遷到這棟三層樓的老洋房，店鋪重新開張後，概念也跟著擴大。三樓新增瘋茶館飲食空間，使用一樓販售食品雜貨入菜，提供消費者實際體驗，將上下樓層的概念貫穿。

（單位：CM）

3F

SPECIAL ITEMS
阿之寶的特色產品

1

竹編器物

手創館蒐羅不少台灣傳統工藝商品，
例如大禾竹藝工坊的竹編、藺草工
藝、三和瓦窯的文創商品等。

2

吳孟芸手工布偶

插畫家吳孟芸將獨特的插畫風格表現於喜愛的布偶創作
上，每一只布偶都獨一無二，為阿之寶獨家限量商品。

3

木質手感咖啡壺

台灣木合金設計工作室開發的品牌
「露·La Rosée」，將金屬的冰冷結
合原木的溫潤，具有衝突美。

4

小鳥不要來

以排灣族琉璃珠（卡塔）文化所延伸的創意品牌，
原意取自小米要豐收，希望小鳥不要來，設計小
米、捕鳥陷阱與趕鳥器的意象。

5

小亨利微型木創

小亨利擅長再利用漂流木，木
屋微型創作陳列有如迷你個展。

院子裡有樹是鵝媽當初
選擇在這裡開店的主要原因。

FANTASTIC SHOP

18

Ilife 手感設計

ADD
台南市中西區府中街136號

TEL
06-221-8072

TIME
11:30-19:00
週二休，週六日提早至11:00營業

FACEBOOK/WEB
Ilife 手感設計
www.ilife.com.tw

創意市集起家，闖出手作禮品一片天

從創意市集發跡的 Ilife 手感設計，在台南成軍將近 6 年時間，創辦人鵝媽（尤惠娥）從單純的美術設計走到服務前台，她整合過去工作學習到的平面、櫥窗、設計，與採購管理等經驗，從一名雜貨興趣者變成了開發者，並創立了這間推廣手作概念的禮品店。

美術設計背景出身的鵝媽，因對雜貨興趣濃厚，年輕時曾加入台灣零售通路生活工場，學習經營管理雜貨商場。從零一路摸索到升上店主管，負責高雄與台南店營運，鵝媽在大公司底下磨練了五、六年，不但熟悉營業、會計、店務、業績、陳列等領域，並因數年國外採購經驗培養出選貨眼光，使她累積出一股雄厚的創業能量。當她決定從老東家出走時，便決定要創造出一支兼具手作精神與量化潛力的禮品新品牌。

品牌。Ilife草創初期，鵝媽將主力投入產品開發，第一年便推出了10款商品，打算以多元化商品同步測試市場水溫，最後篩選出2、3件反應熱絡的商品進行小量化生產，並與台北設計書店、33學堂、南藝大、各大學附設書局洽談寄賣，逐漸拓展知名度。

不久，台灣創意市集興起，鵝媽將Ilife帶入市場，透過難得的面對面機會，將品牌精神直接傳達給消費者，從中挖掘出對手作設計品具有高接納度的潛在消費者。除了在市集中尋找客層，鵝媽還玩出了心得，成了市集策劃人。隨後，她便帶著一群在市集結識的朋友闖盪各大市集，如：簡單生活節、文博會與設計展等，一支來自南台灣的手作軍團儼然成型。

號召市集同好一起玩

決定創業後，鵝媽首先參與政府輔助開辦的創業學程，擬定一份企劃書。當時，她看見禮品市場多為制式化商品，少有可以提供訂製的特別設計，便想開創具備細膩手感與創意巧思的禮品

老屋翻新變成禮品新空間

隨著產品種類日益增加，寄

Ilife 手感設計的
三大獨創特色

❶ 提供客訂服務

針對企業送禮、婚禮市場，Ilife提供客訂產品服務。客訂商品可有兩種合作方式，一是就現有產品進行調整（刻字、換色等），二是針對專案設計新品，例如企業禮品特製的名片盒、收納袋等。

❷ 保留手工精神

Ilife希望保留手作的精神，所以大多數產品使用手工開模的方式生產，而為了使設計更加精緻，不少細節必須手工處理，例如小樹針插或鉛筆插必須採手工縫紉，儘管成本比較高，但才能有漂亮的蓬鬆感。此外，Ilife的生產方式也成了幫助單親媽媽就業的一環。

❸ 手作體驗課程教學

Ilife二樓教室每個月都會邀請不同創作者前來上課，課程大多以單堂結束的體驗為主，例如木質筆記本課、型染美術體驗、手工線書體驗等，主要目的是希望Ilife做為一個市區據點，藉此為手作者尋找潛在客群，吸引興趣者轉往工作室進一步學習。

1

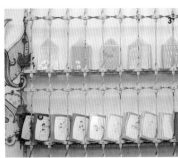

1 小幸福樹針插，小巧可愛療癒心情。
2 離開生活工場後，鵝媽創立Ilife禮品店。
3 模仿小學課本設計的筆記本，惡搞圖案令人會心一笑。
4 老台味的四方飯桌上，展示趣遊碗團隊設計的台南碗。

賣通路要是一多，管理成本也隨之提高。為了掌握行銷成本，讓Ilife的產品有獨屬的陳列風格，成立實體展示店可說勢在必行。初期，鵝媽投入25萬裝修舊誠品後面的老屋做為工作室，後來又搬遷到東林路，直到三年前，她在府中街上發現了這棟可愛的兩層樓洋式，才決定轉型為對外營運的店鋪。

走進Ilife，磨石子地板鋪陳出暖意，而老家具與鐵花窗打造的台上，展示Ilife旗下開發的小麥草筆座、舊來發椪餅螢幕擦、幸福留言插座等，並且還有Na Yi Honry的小卡、米量、趣遊碗等它牌寄售商品。

另外一間通往側門的獨立小室，設定為迷你展間，每月都會安排一位新的創作者佈展，將概念完整傳遞給消費者。像這樣的規劃方式，是鵝媽過去在生活工場學到的經驗。只不

5 鵝媽特地覓得的迷你花器，可用來放季節拾得的種子。
6 插畫家女孩寄賣商品 Na Yi Honey's Story 系列，講述她與兩隻愛貓的故事。
7 老房子的壁櫃加上燈管後，就成了現成展示櫃。

過大品牌的商品眾多，每一檔活動都可搭配出主視覺，但小店受限於商品種類、數量、汰換率，無法如法炮製。於是，鵝媽便將陳列概念轉換為新秀發表，希望透過展覽，緊扣獨立品牌強烈的創作能量。

◉ 多元經營傳達工藝精神

為了讓更多人可以理解手作背後的工藝精神，鵝媽將 Ilife 二樓規劃成教室，長桌上經常舉辦各種有趣的一日體驗課，例如手刻湯匙、染布、印刷、木作、羊毛氈等。這個空間扮演起引薦創作人的角色，拉近購買者與生產者的距離，甚至讓創作者可以彼此學習成長。除此之外，透過課程額外收入，也成為支持手作產業的實際動力。

如今，Ilife 店內自有品牌約佔50%，合作寄賣品佔30%，買斷商品佔5%，合作寄賣品佔5%，課程佔5%，

8 磨石子地板鑲嵌華麗的南瓜圖騰，是這棟老屋最大的特色。
9 院子裡有樹是鵝媽當初選擇在這裡開店的主要原因。
10 Gohan老師的手刻木匙。
11 台灣藍白拖杯墊，充滿在地味的禮品。

其餘10%則為客訂商品。客訂商品主要的服務內容是為團體或個人提供企業禮品訂製服務，由於Ilife長年經營下來培養了一批穩定質佳的手作生產者，將過去手作商品的產量提升到一千到二千個（木刻卡片約可到三千個），而這正也是Ilife所具備的獨特競爭力。如今，這項特殊的服務正急速成長，每逢10、12月旺季業績便可提升至30%左右，相當驚人。

「我們的商品多元度沒有一般零售商來得多，但設計背後充滿了許多有趣的想法，因此我們不採用開架式銷售，而特別要求銷售人員的解說訓練，希望讓人們能在輕鬆聊天之中，了解這些設計的好玩之處。」鵝媽說，這與過去零售業面對客人的唯一目的就是為了衝業績的感覺不同，小店只要能營造適切的氛圍，自然就能吸引到對的消費者。

OPEN DATA
llife 的風格小店財務報告

DATA_3 產品暢銷比例

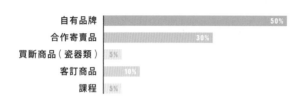

自有品牌	50%
合作寄賣品	30%
買斷商品（瓷器類）	5%
客訂商品	10%
課程	5%

DATA_4 營業收支圖

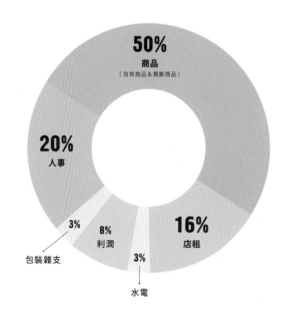

- **50%** 商品（自有商品＆買斷商品）
- **20%** 人事
- **16%** 店租
- **8%** 利潤
- **3%** 包裝雜支
- **3%** 水電

DATA_1 基本費用

● 空間規劃費：120 萬

● DISPLAY花費：20 萬

● 設備費：30 萬
（電腦、POS進銷存等周邊等）

● 囤貨資金：20 萬

● 房租押金：5 萬

● 週轉金：50 萬／一年

● 改裝歷時：2.5 個月

DATA_2 特色商品

手作禮品、抱枕
木卡片、紙製品

寄賣商品與自有商品如何拿捏比例？

A1 寄賣商品抽成大約介於35～45%之間（視通路決定），但利潤終究有限，銷售穩定度與利潤空間不如自有商品，我們盡可能維持寄賣商品與自有商品的比例為1：1，除非自有商品的數量不足，才會降低比例。我認為小店的競爭力在於掌握自有產品，llife每年新推出5～6件單品，不定期推出系列性商品，另外還會開發獨家小贈品，做為滿額回饋客人的小禮物，效果會比直接打折來得好。

OWNER

鵝媽
品牌8年、實體店鋪3年

鵝媽的
SHOP MANAGEMENT
llife 的 Q&A

初期如何建立通路？

A2 品牌草創的時候，能見度不高，大多靠著參加設計展增加曝光，逐漸建立起通路。不久，台灣創意市集盛行，也跟著到處擺市集。因為市集緣故，認識了許多文創同好，這些朋友後來都成為寄賣商品與開課教學的重要設計者與老師。直到後來有了店面，因為可以直接和客人接觸，彼此之間傳達想法更加有效率，也較能即時反應。

可聊聊客訂服務的市場現況嗎？

A3 客訂商品的生意量起伏很大，主要跟節日送禮有關。通常10月、12月是旺季，業績可提升將近30%左右，對於店內營業額有很大幫助，相對地也帶來很大的生產壓力。客訂服務一次下單的數量從數百件到一千、兩千都有，要發展這樣的服務之前必須確保生產線足以負擔這樣的產量，尤其手作人員的素質不一，必須有長時間訓練才行。

SPACE DISPLAY
llife 的 空 間 陳 列 規 劃 術

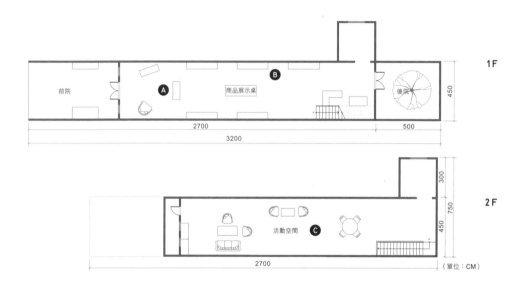

獨立商店不比大品牌每季推出多樣商品,為了讓每季都有主題性,鵝媽將小房間做為形象入口,每一到一個半月,邀約作家前來展售,讓這個空間可以完全表達個人強烈的創作意志,一舉兩得完成店鋪的主題櫥窗。

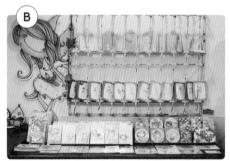

若是採用一般零售業的開架式銷售,無法展現出商品設計背後的故事,鵝媽認為除了商品本身要能吸引人外,佈置陳列也需和主題呼應,例如將拆除老屋留下的鐵花窗改造為筆記本陳列架,恰好與設計者訴求的懷舊主題有關。

鵝媽認為創作者販售商品的收入有限,若能結合課程活動,一來可以增加收入,二來則可以讓更多人認識手作的意義,因此二樓空間有較多留白,規劃沙發座、和室等,適合規劃單堂或半天的體驗活動。

SPECIAL ITEMS
llife的特色產品

1

燒瓶花器

化工材料行常見的燒瓶,請木工師傅
打造底座後,就成了創意花器。

2

米量

以一個人吃好飯的概念出發,竹筒內附上一人份的米,只要按照
說明加入比例的水,放入電鍋中蒸,就能有香噴噴的竹筒飯。

3

幸福樹留言插座

每棵樹都附有造型針,可將留言
紙固定在樹上。創意發想來自宮
崎駿風之谷動畫片,希望這一棵
棵小樹成為淨化心靈的力量。

4

小麥草筆座

使用厚織布與素燒陶器做成的筆插,
模擬盆栽的型態,為辦公桌帶入一絲
綠意風景。

5

台南椪餅系列

將傳統點心椪餅可愛的造型結合螢幕擦、抱枕
等,使生活周遭被濃濃的台南味包圍。

支持小農　友善環境　自然無添加的好食物

無論是丸莊未加防腐劑的頂級
螺寶、螺光醬油，還是台南女
兒葉怡蘭精挑自創的食物品牌
Pekoe，這裡都買得到。

FANTASTIC SHOP

19

巧食鋪
SMARTFOOD

ADD
台南市湖美街179號

TEL
06-258-8522

TIME
週一-週六：11:00-20:00
每週日公休

WEB
www.smartfood.com.tw

搏感情來的好產品，賣出鄰里好口碑

台南市湖美街的住宅區內，一棟設計時髦的獨棟建築矗立在街的轉角，那鏤刻著葉子形狀的混凝土牆上，鑲嵌著大面落地窗與交錯的金屬格柵，顯得十分神祕。其實，這棟貌似精品服飾店的房子，是一間專賣台灣在地好食材的高檔雜貨店。

從台語「吃好不如吃巧」命名的巧食鋪，經營的嚴仲容與陳麗香夫妻，原本是從事外銷電子，一個跑中國、一個跑日本，帶著台灣生產製造的電子產品勇闖天涯，是把MIT產品外銷到世界的前哨兵。經過十幾年的職場生涯下來，他們猛然回頭發現生活因為工作變了質，日子索然無味。七年前，他們挾帶著征戰大市場的雄心，回到台南家鄉創業，經歷數年創業波折，終於在巧食鋪找到安好身、立好命的好位置。

代工思維成創業陷阱

習慣了電子業看待市場的思維，嚴仲容與陳麗香剛開始思索創業時，如同很多創業者，也積極參加各種國際商品展，試圖尋找靈感。當時，他們認為台灣既然是水果王國，若運用產地資源來發展果醬品牌應

1 裸色簡潔的水泥粉光外觀，展現出回歸自然的精神。
2 除了食品雜貨，店內也販售綠兔子的環保日用品。
3 陳麗香夫婦過去為大企業南征北討，卻覺那成就不及回鄉開一間雜貨店。

巧食鋪的 三大 獨創特色

❶ 兼具健康與美味

大部分有機商店的利潤多來自保健食品，然而巧食鋪不為追求利潤而販售自己不喜愛的商品，這裡只提供店主自己認同的好品質商品。每樣商品都是店主親自拜訪產地、確認品質無誤才進貨。並要求要符合對身體友善的條件，更強調風味也要無可挑剔才行。

❷ 差異化服務

巧食鋪既然不打算複製連鎖有機店，更能依照消費者需求提供差異，二樓廚藝教室經常請專業廚師或農友來上課，讓消費者進一步認識食材，偶爾也會舉辦揪團下鄉考察的活動。此外，巧食鋪認為品質就是最好的宣傳，店內任何商品都可以試吃（須煮的麵線除外），直接讓消費者感受比較。

❸ 每週訂菜服務

近來巧食鋪開始發展生鮮商品，每逢週二、週五會有合作農場送來早晨鮮採的蔬菜，並且針對忙碌的上班族還提供電子郵件訂菜服務，方便消費者下班快速取貨，相當貼心。

該很有賣點。

「當時我們想得很簡單，以為在家裡工廠研發好配方後，就可以交給代工廠生產，就能在市場上推出品牌來銷售。」然而，他們沒想到要請工廠做出與Homemade 一樣的產品竟是如此困難。無論他們怎麼一再打掉樣品，重新試做，最後勉強推出的果醬還是無法令陳麗香滿意。當時，他們一口氣量產了900瓶，為了銷售這些產品，他們曾經有過在公園擺攤躲警察的慘痛經驗。

為了彌補果醬生意，陳麗香因為熟悉日本市場，也摸索進口健康食品來販售。當時，嚴仲容的父親恰好有一塊建地空著，於是他們便請來打開聯合建築事務所的劉國滄建築師，設計了這棟時髦的房子，打算做為住家兼商品展示中心。

因為執著求好，嚴仲容與

● 「小」出特色走出活路

「巧食鋪最初的定位是展示店，用來向通路介紹我們所引進的海外商品。」陳麗香說，當時兩人的腦袋還是停留在品牌代理商角色，想盡可能地推廣通路、把市場做大。他們從沒想過，巧食鋪可以只是一間「小店」。

就在這個繳學費的摸索過程中，陳麗香發現過去他們所熟悉的「代工模式」無法生產出他們所喜愛的產品，而保健食品更是缺乏那種手做才有的感動。「我喜歡的是天然的食物，而不是添加很多營養成份的保健食品，如果連自己都不喜歡吃的東西，又怎能夠賣得有信心？」體悟了這一點，兩人決定徹底拋棄過去商業思考，從零開始摸索。

因為執著求好，嚴仲容與

陳麗香的眼光從海外搜索到島內。偶然，他們接觸到台灣這塊土地上一群很特別的人，他們寧可以小量生產，也要保留手工、純天然的方式來生產食品。這個發現喚醒了他們在廚房煮果醬的回憶，而為了支持這些難能可貴的產品，巧食鋪也漸漸地將重心回歸到土地上，開始成為推廣在地品牌的平台。

◉ 牽起好物與好人的鄰里中心

自此，嚴仲容與陳麗香走上產地之旅，成為消費者與產地之間的信差，他們甚至號召消費者組成農場參訪團，一起下鄉找好食。細數巧食鋪架上的商品，包括：阿禾師自然生態魚蝦貝、日月老茶廠、溪底遙農園、滿甲熟肉鋪、雪涼冰淇淋，甚至連台北最有氣質的明

4 巧食鋪是日月老茶廠全省貨色最齊全的販售點。
5 新鮮雞蛋直接放在籃裡販售，感覺像回到傳統甘仔店。
6 每週兩天生鮮蔬果販售日最令人期待。

星咖啡屋，也破例讓他們賣招牌俄羅斯軟糖。這些產品不是想賣就能賣，光談上架就得經過半年以上接觸，彼此建立信任關係才行，可說是靠搏感情得來的。

如今，巧食鋪經營將近八年，陳麗香仔細將來店客戶建檔，在單純食品販售之餘，他們還請來農場主人或專業廚師來上課，教導消費者如何料理食材。此外，他們每週還會發送兩次電子菜單給上千名熟客，將消費者需求的蔬菜回報給農場，建立起即時生鮮蔬菜訂購服務，方便上班族可以就近買到新鮮無毒的好菜。

每逢週二、週五，當農場送來早晨鮮採的蔬菜，嚴仲容與陳麗香卻一邊忙著理菜，還得一邊忙著招呼現場客人，儘管小小一家店的工作繁瑣，但兩人卻樂此不疲。繞了地球好幾圈，最終，他們回歸到最傳統的經營方式。「我們想像早期的雜貨店那樣，不光只是為了買賣產品而存在，而是要成為促進人與人互動的鄰里中心。」嚴仲容說。

7 每樣產品都有故事卡做文字介紹，店主希望客人充分了解後再購買。
8 二樓料理教室使用自家販售的好醬料，客人可以親自體驗入菜滋味。
9 巧食鋪的名字取自「吃飽不如吃巧」的俗諺。

OPEN DATA
巧 食 鋪 的 風 格 小 店 財 務 報 告

DATA_4 產品暢銷比例

生鮮　　40%
食品　　45%
課程講座　15%

DATA_5 營業收支圖

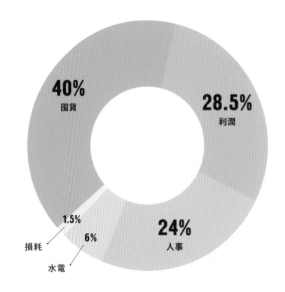

40% 囤貨
28.5% 利潤
1.5% 損耗
6% 水電
24% 人事

DATA_1 基本費用

● 空間規劃費：20 萬

● DISPLAY 花費：50 萬

● 設備費：20 萬

● 囤貨資金：20 ～ 30 萬

● 房租押金：店面自有

● 週轉金：20 萬／月

● 改裝歷時：2 個月

DATA_2 營業額

● 月營業額：20 萬元

DATA_3 特色商品

生鮮農產、醬料食品
冰品、醃製品

> **食品雜貨舖與生活道具舖的最大不同在哪裡？**

A1 一般生活道具店的經營方式可分為寄賣或買斷兩種，但因為食品通常有保存期限，尤其生鮮蔬果的存放時間更短，因此進貨商品幾乎都是買斷的，依照巧食鋪這樣的規模，整間店鋪大約需要20 ～ 30萬的資金來囤貨。

OWNER

嚴仲容 & 陳麗香
創業資歷 7 年

嚴仲容 & 陳麗香的

SHOP MANAGEMENT

巧 食 鋪 的 Q & A

> **開店前的市場評估很重要嗎？**

A2 經過這麼多年摸索，老實講，我們認為市場評估、市場調查這東西其實是大企業在玩，當然小店也可以盡可能在能碰觸的範圍內去評估市場，但效果不大。我們認為小店最重要的核心能力是差異化。

> **尋找商品的困難之處是什麼？**

A3 經常遇到的狀況是，我們好不容易找到了喜愛的商品，但我們認同對方，對方卻不一定認同我們，不見得願意在我們的通路上架。舉例來說，剛開始我們想要進明星咖啡屋的俄羅斯軟糖，但對我們抱持懷疑態度的老闆只願給九折的利潤空間，希望讓我們自己打退堂鼓。不過，我們關心的是讓自己真正想要的產品進來，並不會因為不賺錢就捨棄不進，後來幾次合作下來，對方感受到我們的誠意，才漸漸願意放寬條件。我們經營巧食鋪也是在經營人與人間的信任，一旦大家成為夥伴，很多農友甚至願意無條件支持我們。

SPACE DISPLAY
巧食鋪的空間陳列規劃術

2F

```
1200

廁所

辦公室        中島

往夾層                    C
```

1F

```
1200

廁所

洗手台

倉庫   櫃台   座位   中島台   陳列架   B

大門

A

（單位：CM）
700
```

為了使空間感覺明亮寬敞，建築角窗位置設計大面落地窗，對外加上金屬格柵做為隱私屏蔽。內部的陳列架使用造型木作與金屬架製成，雙面透空，利用自然光打亮商品，可節省日間照明花費。

由建築師劉國滄設計的巧食鋪，外觀採用水泥粉光，裸色質感的內外牆上，加入立體葉片圖騰，呼應店內強調自然的精神。

二樓原本打算做為住家使用，因此設計了中島廚房。如今二樓開放做為廚藝教室，邀請農友與台南在地廚師前來客座，分享食材知識與料理技巧，成為社區鄰里的活動中心。

SPECIAL ITEMS

巧 食 鋪 的 特 色 產 品

1

手工果醬

除了進口法國女名廚 Christine Ferber
的手工果醬,巧食鋪自身也出品手工
果醬,是客戶間的限量夯品。

2

沙鹿謝家手工麵線

由百年製麵廠第三代傳人謝武夫老先生生產,至今
仍使用古法純手工生產,堅持百分百日曬而成。

3

山野家蜂蜜

由詩人、自然愛好者與農人太太亞力
所出品的蜂蜜,在山野裡養蜂採集荔
枝蜜、龍眼蜜與野蜜,皆是自然無添
加的健康好物。

4

日月老茶廠有機茶

南投老茶廠轉型栽種有機茶,採用自
然農法的台茶十八號紅玉紅茶與台茶
八號的阿薩姆紅茶最為著名。

5

雪涼冰淇淋

隱身屏東的雪涼冰淇淋,堅持不使
用化學添加物、選擇對環境友善的
食材來製冰,多種口味如夏威夷果
仁、天鵝絨香草豆、檸檬起司、玉
山冰草等,相當引人。

61NOTE空間雖然不大，
諸如蜂巢櫃、燈具選用，
可見自我主張。

FANTASTIC SHOP

20

61NOTE
六一筆記咖啡

ADD
台北市南京西路64巷10弄6號

TEL
02-2550-5950

TIME
週二-五：12:00-22:00，週六日：11:00-22:00
週一休

FACEBOOK/WEB
61NOTE
www.61note.com.tw

選對的場域做對的生活

德國刷具品牌Redecker近來在圈內討論相當熱烈，不少賣鋪紛紛
將這個品牌加入選品，一夕之間，人們對於刷具的重視程度幾可比
報紙頭條。探討Redecker在台灣一觸即發的現象，追本溯源這現
象卻與一間小店有關，那便是台北61NOTE（六一筆記咖啡）。

61

以資金可能性作為前提

NOTE 距離中山捷運站不遠，是一間藏匿在窄巷裡的物價成本較低，心中開店的念頭漸漸而萌生。

可是，東泰利並未將想法告訴父母，而是一直到他花了兩年考取營業執照後，覺得達成父母的期盼，才辭去工作。東泰利的衝動自然受到父母與朋友強力反對，直呼：「你是腦筋壞掉了嗎？在日本沒開過店，第一次開又選在海外，風險有多大！」

儘管反對聲浪一波波，但為了克服難關，東泰利先到台灣學了兩年中文，期間一邊尋覓適合的店面，直到發現這裡才積極籌措開店事務。「我喜歡透天或轉角的房子，這樣的物件在台北不多，當時太太發現這裡時，用手機拍下照片傳給人在日本的我，覺得很不錯，立刻就付了訂金。」

為了打造屬於自己的店，東泰利自己畫設計圖、請朋友監工，大概花了六個月時間將空

定居台灣近八年的東泰利，老家在大阪經營不動產公司，他在22歲大學畢業後，剛開始是回家幫忙管理物業，經營網咖公司，大約工作了六年，轉而進入不動產買賣部門。偶然，在一次公司旅遊，他克服了害怕坐飛機的心理，終於有機會來到台灣。旅行中，他發現台灣很少有選物店，加上這

底、小巧迷你的轉角商鋪，很有個性的黑色外觀，儼然是一座小盆栽駐守店外，派遣綠植碉堡。這小店是日本華僑東泰利所開設，內部空間被書櫃一分為二，一邊做為咖啡館、一邊做為賣鋪，地下空間則是陶作展間；每個複合單位各有表述，形成令人玩味的經營模式。

61NOTE 的

三大獨創特色

❶ 親自用過才推薦

打從動心起念，東泰利早已店鋪選貨只販售自己真心喜愛的商品，東泰利認為，很多雜誌會報導名店老闆推薦的選物，但有時會感覺實際用來不如所說。「所以，我不會先訪問客人覺得商品好不好，我只推薦自己親自用過得100分或120分的東西。」

❷ 獨家總代理商品

雖然店鋪的規模很小，但卻擁有Redecker、TEMBEA兩支總代理商品，是小店的競爭力所在。有了總代理成功經驗，61NOTE未來將直接朝總代理方向經營，持續尋找並引進新的海外品牌。

❸ 推廣日本優良工藝

賣鋪中有不少日本工藝商品一開始只是自己喜歡，買來在咖啡館用而已，後來禁不住客人一再詢問，才漸漸進口販售。例如帆布包TEMBEA、月光莊的筆記本、加藤良行手刻木盤、青木良太的白釉、富井貴志的漆器、紙の工作所的創意商品等。

1 在中山捷運站巷弄的黑色小商鋪。
2 東泰利在大阪不可能實現的夢想，飄洋過海後，卻在台灣落地生根。

間打理好。從裝修空間、購買生財器具、進口囤貨，東泰利總共花費日幣一千萬，折合台幣約三百萬，這些資金有一部份是經營網咖所存下，一部份則是向父母借貸。「一千萬日幣想要在日本開店是完全不可能的，但在台灣卻綽綽有餘，甚至不需要借貸就能實現夢想，這也是我選擇海外開店的原因。」

小店變身品牌總代理商

東泰利說，將雜貨鋪結合咖啡館，用意是為了讓客人感覺

2

更自在，這想法是參考自己在大阪很喜歡的一家雜貨店。「像這樣的小店大部份都是老闆一人經營，上門的客人除了買東西，有些時候只是想找老闆聊聊天，可是總不可能每次來都剛好有想買的東西，這時店內若有咖啡館，點一杯飲料喝，對客人而言也算是消費了，就不會有不好意思的感覺。」

自己喜歡，就會有信心。抱著「這樣的商品也會被他人喜愛吧！」的想法，經過數年時間，東泰利一點一滴充實雜貨選物，漸而累積客群與知名度。

在眾多選品之中，Redecker刷具與TEMBEA帆布包算是61NOTE的兩大台柱，也是東泰利取得總代理權的商品。「初次進口Redecker，完全沒有想過要談總代理，是在一次兩次進貨中，發現客人反應相當好，進貨量就算提高也可以賣掉，才覺得台灣是有市場的。」

3 東泰利策劃的展覽，除了展示陶藝家創作的生活器物，也邀約當代陶藝創作展出。

4 杯口特殊黑色釉線為日本陶藝傳統技法，看來卻很有當代感。

5 薄如蛋殼的白陶水杯，為青木良太知名系列之一。

6 各種不同機能與造型的 TEMBEA 帆布包，是店內引以為傲的獨家代理商品。

7 地下室用落地窗區隔的小空間，展售東泰利喜愛的新生代陶藝家作品。

8 東泰利一口氣引進 Redecker 旗下共 160 種商品，未來品項還會陸續增加。

9 地下室空間平時是座位區。

9

悉心呵護品牌的作風

東泰利說，「後來我乾脆寫信給德國總公司，花了六個月談妥條件並簽約，成了 Redecker 的總代理。」

有了幾次總代理經驗，東泰利認為小店要能夠保有不可被取代性，最好能夠掌握一、兩個獨家品牌。尤其，選物店在台灣風潮漸起，經常發生小店費盡心思挖掘商品，卻被資本雄厚的企業取得總代理，小店無法用大量進貨來取得價格優勢，自然而然利潤空間就被壓縮了。

「回想起來，當初這麼做真是太好了，再辛苦也要談下總代理！」東泰利說，61NOTE 的通路經驗已經成熟，接下來將計劃將選物店獨立出來，新的歐洲品牌也在洽談中，總代理路線對小店而言並非不可行，但心臟要夠強是真的。

從小店變成總代理商，一口氣必須進口的貨量落差很大，東泰利不諱言，當初下這個決定簡直就像賭博一樣。小店不比大公司有雄厚資金可以運作，61NOTE 無法像一般品牌開店設點或在百貨公司設櫃，就算鋪到商場寄賣的抽成，也高得嚇人。

於是，東泰利嘗試以批發的方式，以最低限的人事成本來推廣商品。「透過朋友協助搜尋，我將商品介紹給風格屬性相同的小店，由於我進口 Redecker 的總類相當齊全，160 種商品中包括有清潔用、廚房用、沐浴用或服飾用、但心臟要夠強是真的。

文具相關，因此我推廣批發的店家不只是選物店，甚至包含咖啡館、料理教室、餐廳、文具店等，大概花了兩年時間才建立起通路。」

OPEN DATA

61 N O T E 的 風 格 小 店 財 務 報 告

DATA_3 產品暢銷比例

服飾類　20%
brush　70%
筆記本　5%
陶器　5%

DATA_4 營業收支圖

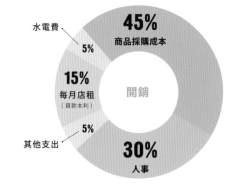

水電費 5%

45%
商品採購成本

15%
每月店租
（貸款本利）

開銷

其他支出 5%

30%
人事

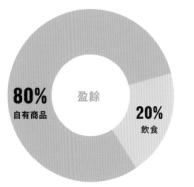

80%
自有商品

盈餘

20%
飲食

開銷：盈餘
4：6

DATA_1 基本費用

● 空間規劃費：80 萬
（老屋改裝結構費用）

● DISPLAY 花費：20 萬
（用住日本的時候的家具海運寄過來）

● 設備費：30 萬
（咖啡機、冷氣機等）

● 囤貨資金：100 萬

● 改裝歷時：6 個月

DATA_2 特色商品

刷具、文具
生活器皿、陶器、餐飲

在台灣開店有什麼優勢？

A1　在大阪，有些我喜歡的在地品牌早已跟固定店鋪配合，他們會希望同一區域內的寄賣點商品不要重疊，因此在大阪開店的話，品牌的選擇性會受限。來到台灣開店，雖然談海外販售辛苦了點，不會有商品重疊的問題，可以選擇自己喜愛的品牌。此外，台灣開店的成本較低，可以在預算內完成夢想。

OWNER

東泰利
創業資歷4年

東泰利的
SHOP MANAGEMENT
61NOTE 的 Q&A

工藝品洽談經驗的分享？

A2　日本很多傳統工藝品牌（陶器、鐵器、木製品）都沒有海外市場經驗，主要是因為國內市場消費量夠，甚至供不應求，所以類似外銷這樣太麻煩的生意就不想碰觸了。為了說服他們將商品賣給我，我通常會當面拜訪，向老闆自我介紹，表示自己的熱誠，也願意花時間等，通常都可以得到善意的回應。不過等待的時間真得很長，例如虎定的鐵器至少要等六個月以上，陶器與木作品要等九個月，且全部都必須買斷。

你如何經營Redecker？

A3　當了Redecker總代理後，第一個面臨的問題是通路，不知道可以批發給誰，台灣有風格的雜貨店當時並不多。為了維持品牌的質感，我也不想隨便賣，只好請朋友幫忙尋找台北以外的店，拍下店的感覺、賣什麼東西、開在哪裡，確定是想要的感覺後，才打電話詢問對方是否願意進貨。再加上Redecker的刷子有160種，我的寄賣範圍不限定於雜貨店，包括咖啡廳、水果店、服飾店、家具店等，只要風格一致，就有可能成為寄賣點。

SPACE DISPLAY
61NOTE 的空間陳列規劃術

B1   **1F**

（單位：CM）

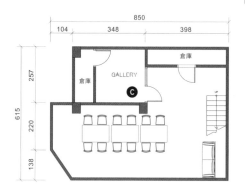

大門進來，左右空間利用玻璃隔間，再加上使用具有通透性的蜂巢櫃展示商品，劃分出雜貨鋪與咖啡館，空間雖然有所區隔，但因為光線彼此可以穿透，空間不至於感覺切割零碎。

雜貨鋪旁就是咖啡館，東泰利說複合式經營是參考日本雜貨鋪的作法，用意是可以讓來逛雜貨店的客人有地方可以歇腿，或者看展覽過後不需要往外跑，就能就近坐下來喝咖啡，與同好分享觀展心得，這樣的設計是為了讓客人感覺更自在。

特地選擇有上下兩層樓的店面，一層做為較開放的營業場所，另一層則希望做為可以安靜看展的空間。地下室用落地玻璃窗劃出 61NOTE gallery，做為陶藝專屬的展示空間，恰好地下室空間氣氛更加安靜、祕密，可以沉下心情慢慢欣賞。

Redecker刷具

這款可愛的刺蝟造型刷，原來是
超實用的鞋刷，擺在地上就變成
逗趣的看門寵！

2

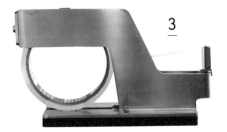

1

TEMBEA帆布包

Tembea經典款式，專為購物設計的帆
布包，深度與單側背袋設計，連法國長
棍都能放得下。

3

Claustrum膠台

造型陽剛的膠帶台，重量十足，底座還有
防滑設計，再頑固的紙膠，也能一刀兩斷。

月光莊系列

這裡可買到日本老字號
文具品牌月光莊出品的
POSTCARD筆記、皮
革鉛筆盒等。

4

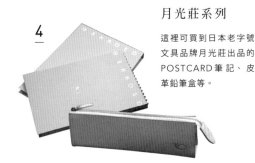

SPECIAL ITEMS
61NOTE 特色產品

5

青木良太系列

青木良太新作中國茶系列茶道具，
此系列依舊保有青木良太的風格，
茶壺造型圓潤有精神。

FANTASTIC SHOP

21

酷奇小象創意工作室
COZYELEPHANT

療癒系手作課，自己的需求也是別人的需求

2009年在五權西五街開張的酷奇小象，兩位年輕的店主Yvonne與
黃昊，一位是吉他老師，一位是手作好愛者，兩人將興趣結合開了這
間提供音樂教學與手作課程的工作室，成了土庫里巷弄小店的始祖。

高舉起鼻子哼歌的小象，描繪著令人開心的符號。路過這間命名頗逗的小店「酷奇小象」，從玻璃櫥窗望進去，裡頭陳列各種商品如此吸引人，可這既不像咖啡館，也不像一間賣鋪，乍看有些令人摸不著頭緒。一問下才發現，這是一間推廣手作課程的創意工作室。

📍 高壓產業發現療癒商機

Yvonne與黃昊兩人其實並非台中本地人，而是從台北搬來的島內移民者。Yvonne說，自己原在華碩電腦擔任研發部專案經理，但因面臨公司轉型期，加上長期工作壓力大，為了休息充電，決定辭去工作。

「我們原本計劃出國念書，在成行之前想換個城市享受生活，才會來到台中，意外開起工作室。」

「以前工作壓力大，身邊有很多朋友都會藉由手作來紓壓，當時我雖然想跟著玩，但總覺得坊間補習班式的手作教室很無趣，一直覺得為什麼沒有規劃有趣、上起來又令人放鬆的課程？」來到台中後，Yvonne覺得自己應該可以把過去累積的資源聯起來，在台中開設創意有趣的手作課程，讓手作成為上班族日常生活療癒紓壓的慰藉。

從這樣的概念出發，Yvonne報名輔導課程，打算要申請微型創業貸款。但六年前，手作風潮方興未艾，台中的市場性更是不比台北。輔導Yvonne的老師直接潑冷水，說：「這個產業沒有市場性，加上學費都被老師賺走了，你還能有什麼利潤？」聽到這麼多負面意見，Yvonne自己也害怕。她說：「剛開始我自己也會抱著觀望的態度，不敢一下子就貸款，就只運用有限的存款來做事。」

酷奇小象的
三大獨創特色

1 獨創性的課程

酷奇小象並非傳統拼布教室，沒有固定的師資，反而可以依照客人的需求來安排課程，性質類似開放平台。除了外師租借教室，酷奇小象也有不少外面罕見的創意手作課程，例如梭編蕾絲、擬真系的羊毛氈課程等。

2 聯名開發材料包

工作室與手作老師聯合開發獨家材料包，讓興趣手作的客人也能帶回家嘗試，例如羊毛氈材料包、繪卡講義手作材料包等；其次，工作室內也有不少手作品牌寄賣商品。

3 暖太陽社區串連

2012年酷奇小象為了推廣手作，集合一年來學生上課的作品，舉辦了「這是我的fu手作成果展」。當時為了吸引人們來看展，酷奇小象聯合周邊店家繪製了一張土庫里尋寶趣的地圖，成了這一帶小店串連的開始。（爾後由暖太陽刊物接手任務）

ADD
台中市西區五權西五街41號1樓

TEL
04-2376-0102

TIME
週二 - 週五：12:30-20:30
週六日：12:30-18:00，周一休

FACEBOOK/BLOG
酷奇小象創意工作室
cozyelephant.pixnet.net/blog

從論壇累積知名度

Yvonne 坦誠，工作室首先面臨的難題，就是學生在哪裡。

創業前半年，Yvonne 與黃昊靠著三十萬存款週轉生活費與店租，兩人兼差當日文翻譯、到樂器行兼職教課來維持基本開銷，這段期間可以視為「潛經營」。Yvonne 利用閒餘時間到 PTT、BBS 或各大手作論壇，透過參與討論、提供專業解答，讓人們慢慢認識酷奇小象。累積基本知名度後，逐漸有網友提出課程需求，這才招生成班，開了第一堂課。

「酷奇小象吸引的族群與固有的手作族群不同，玩拼布的媽媽族不太會來、來報名的反而是年輕的手作新手，有的抱著嘗鮮體驗的心情，有的則是已有想做的物品，卻又不知如何下手。」因此，酷奇小象所開的課程多元且有趣，包含手

作衣、皮件、金工、袖珍黏土、彩繪色鉛筆、手工蕾絲編織等，大多採無壓力的單堂體驗，但也可針對想進階的學員設計連續課程。

由於客群和自己的年紀相仿，Yvonne 選擇的師資與課程大多是以「自己也喜歡的」為主。「為了避免同質競爭，鄰近工作坊已有的課程我就不會開，就算學員要求要開，也會選擇不同的角度切入。」

1 擁有一張漂亮履歷的 Yvonne，甘願捨下職場工作，與男友黃昊來到台中創業，也開始新生活。
2 空間很簡單一張大桌子，要求做到環境的極限。
3 開動了！這美味的吐司可不能吃，是酷奇小象推出的擬真羊毛氈。
4 工作室的材料小商鋪方便學員添購設備。

5 短短的假日時光也能輕鬆入門金工，體驗蠟雕、琺瑯等技法。
6 落地櫃是空間焦點，展售有意思的手作商品。

挖掘在地隱藏師資

酷奇小象的新穎概念從地域性教室逐漸在手作圈打響名號，陸續吸引不少來自北部或南部的手作老師前來借場地開課，意外成了中部手作教學的重要據點。除了外聘師資，隨著接觸人群漸廣，酷奇小象除了做為分享平台，也扮演起開發的角色。

「台中在地其實藏了很多厲害的手作人，但他們往往不知道該去哪裡分享，甚至不曉得自己可以教學，所以一直以來都是在家裡練功。」靠著老師或學生的介紹，以及網路平台的資訊搜尋，酷奇小象挖掘這些潛在師資，先在內部進行試上，找出適合的教法與課程規劃。

隨著師資區隔，酷奇小象也漸漸開出一些具有獨創性的課程，吸引不少外地學生特地前來上課。

OPEN DATA
酷 奇 小 象 的 風 格 小 店 財 務 報 告

DATA_4 2014年五大暢銷課程排名

♔ 金工
皮件
色鉛筆
烏克麗麗
植栽

（以課程詢問度以及開課後報名額滿速度排名）

DATA_5 營業收入分配圖

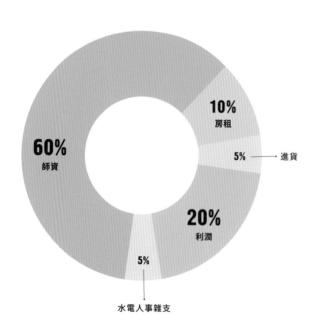

10%
房租

5% —— 進貨

60%
師資

20%
利潤

5%
水電人事雜支

DATA_1 基本費用

● 裝修費：55 萬
（因為老屋的水電線路等等翻新維修而超過原來預估預算）

● 生財器具：30 萬

● 週轉金：30 萬
（當初沒準備，賣掉個人股票做週轉）

● 初期跟廠商的進貨金：10 萬

DATA_2 營業額

● 收支平衡

DATA_3 主力商品

手作課程、商品販售
樂器教學

北部與中部客群有哪些不同？

A1 原本以為在台北樂器教學經驗可以直接移植到台中，可是過程中卻發現台中人對樂器教學的想法不同，初期也吃了很多苦頭。舉例來說，台中消費者喜歡在假日安排出遊活動，因此假日班相當難排課，甚至必須要用優惠訂價才能吸引人來上課，這一點與北部大不相同。

OWNER

Yvonne&黃昊
創業資歷 5 年

Yvonne&黃昊的
SHOP MANAGEMENT
酷 奇 小 象 的 Q & A

策劃課程最需要克服的問題？

A2 師資是最令人頭痛的問題。台中本地的手作老師並不多，傳統拼布教室的師資並不適合小象，其次這些老師也有固定客群，用不著藉由小象來協助招生，剛開始經營都得從台北調老師來上課，成本相當高。後來，漸漸會有新老師帶著作品主動上門，希望能嘗試開課，因此培養出一群本地老師，'如今小象的本地師資已經有一半左右。

可在深談如何開發新師資嗎？

A3 創業初期比較不知道該如何找老師，所以我都會從網路下手，漸漸發現有很多厲害的手作人在部落格上分享作品，當時我心想是這群人的手藝與積極度都很豐沛，就只缺乏實際面對面教學經驗，於是我就從這個缺口開始挖掘。經營漸漸穩定之後，學生和老師就成了人脈網，資訊蒐集就沒那麼困難了。

SPACE DISPLAY

酷 奇 小 象 的 空 間 陳 列 規 劃 術

B1

```
       524
   A
       樂器教室

       視聽區                    542

       樂器教室
                          UP
```

1F

```
        524
     434          90

   儲藏室      廁所

                        DN
   辦公室
                               674
   作  B  教  C  商
   品     學     品
   展     桌     販
   示           售
   區           區
```

（單位：CM）

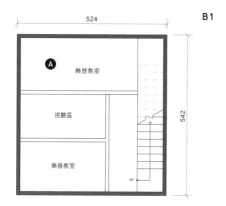

考慮工作室開在住宅區內，因為地下室空間的隔音效果
較好，便將音樂教室規劃在此。共有兩間獨立的教室，
主要提供個人班課程，並設有沙發區讓家長等候。不少
家長報名手作課，順便讓孩子上兒童樂器課，一舉兩得。

工作室並沒有太多裝潢，牆面主要以刷白或貼文化石處
理，概念有如藝廊，做為襯托作品的背景牆，用來展示
手作老師的作品，吸引有興趣的學員主動詢問，再特別
針對某件作品規劃課程。

Yvonne主張讓作品自
己說話。工作室角落的
櫥窗設計，展示學員或
老師的作品，做為成果
展，有時也預告近期即
將推出的課程內容，吸
引路過的人駐足。

SPECIAL ITEMS

酷 奇 小 象 的 特 色 產 品

1

零錢皮包

手作品牌革事件設計的Retro
Cube復古零錢包,搭上真皮
手繩與脖繩可成為穿搭亮點。

2

梭編蕾絲課

精細優雅的梭編蕾絲是酷
奇小象的獨家課程,可編
織成飾品、杯墊或花圈。

3

小學生書包課

如此可愛的日本小學生書包恕
難販售,這是手作老師的作
品,興趣者歡迎夥同報名。

4

獨家材料包

林小青老師與酷奇小象合作
開發的迷你材料包,可以自
己在家做出可愛的吊飾。

22

范特喜微創
FANTASYSTORY

ADD
台中市西區中興街171號
台中市美村路一段117巷

TEL
04-2301-6717 / 0913-701-681

WEB
www.fantasystory.com.tw

老屋聚落一條街，另類文創繁殖場

因為不同演化源、棲息地的影響，為適應在地而演化的
生物，在自然科學中被稱為「原生種」，從單純的包租
收益走到街區改造運動，甚至成為文創孵夢地，范特喜
微創獨特的經營手法不只是台中在地演化的原生種，更
是營建產業裡的變異種，以及文化產業裡的特有種！

來到台中勤美誠品綠園道一帶，轉進美村路一段117巷以及中興一巷內，數家風格獨特的小店聯合組成文創街區，將破落的巷弄變得有趣起來。像這樣定位明確的街區，在台中除了夜市之外，幾乎別無它例；這兩條巷弄的誕生絕非偶然。

二〇〇九年，受到金融海嘯來襲，台中不動產市場面臨前所未有的衝擊，加上當年誠品書店宣佈進駐綠園道，帶動周邊文創氛圍發酵，意外使得一間小型營建公司受到催化，走上老屋整合改造，演繹出獨特的街區商場模式。這間公司的名字如今已為不少人熟知，它正是范特喜微創，也是創制街區型態商業模式的幕後推手。

1 紅磚的露出，為這一街區營造出溫暖感。
2 家家時驗社花藝設計。
3 從營建業跨足文創產業，范特喜總經理鐘俊彥說，這一切都是意外。

范特喜的 三大獨創特色

❶ 小店聚落整合

承租閒置的老屋空間，發揮本身營建的長才，重新將老房子補強修復後，改造為小單位面積的工作室，提供經濟能力不足、卻有理想的小店進駐，並且將多棟老屋聯合經營，形成充滿風格的小店聚落。

❷ 推動街區活絡

除了經營硬體之外，范特喜也參與街區管理，平均兩周會有3～4場的活動，協助宣傳、分配媒體、辦講座市集等，藉此活絡整個街區，讓群聚效應發揮力量，使小店聯合成為一個自主的商業區。

❸ 育成中心協助成長

已經在范特喜承租一年以上，有意長期發展品牌的小店，可以加入育成中心，范特喜給予小店經營方法、品牌建議、行銷技巧等實質建議，未來將透過旗艦店、分店、產品提升等不同方式，壯大品牌，這些服務會等未來當品牌有獲益時才回收利潤。

為滯租房找到新市場

作者。從市場面來看，這群年輕創業人具有強烈的經濟能力卻很低，非但租不起一般店面，甚至連負擔二樓以上的非店面空間都有困難。范特喜既想將空間租給這群人，首先要克服租金門檻。於是，團隊深入研究目標對象的需求，發現這群人需求的空間只是要做工作室，坪數不用大，不需要套房機能，便嘗試將二樓以上切割成一小間一小間出租。

鐘俊彥表示，當初這樣設想，只是覺得二樓租金不無小補。「沒想到營運下來，樓上租金的回收效益遠比租一樓咖啡館店面好，打破了我們對於租屋市場低投報的刻板印象。」後來，為了提高坪效，乾脆捨棄一樓店面，將整棟樓規劃為工作室放租，這便是美村路一段117巷范特喜一號店最早的概念。

總經理鐘俊彥說：「范特喜是我和四位老同學、老同事共同創立，決定創業的時候我們大多都40幾歲，都在各自領域也有所累積，起步點不像一般年輕人創業，而心態上也較成熟，我們將范特喜當成人生下半的重要事業，也可以說是一生懸命吧。」

創業初期，范特喜的取向類似一般建設公司，利用金融海嘯期間房價低迷，股東們先是合資買下一棟中古屋，打算拉皮後售出，賺取價差。然而，等房子改好後，金融海嘯也過去了，地價開始上揚，此時股東們又覺得應該暫緩出售，先放租養房，等漲幅達到至高點再脫手。

在調查租屋市場的同時，他們發現當時勤美誠品即將開幕，綠園道周遭吸納了文創工作室即將開

six等風格不同的服飾工作室；二號店有日本雜貨品牌商店RN Café、插畫家品牌商店KerKerland、Minus減法髮務工坊；三號店與五號店則是以工作室為主，有手工泰迪熊工作室、陶藝工作室、花草鋪、香氛實驗室等，並且提供分時教室出租。而位在向上北路的七號店則以甜點森林為概念，集合了六個不同主題的甜點店

室：二號店有日本雜貨咖啡館

從「二房東」
變成聚落經營者

一號店實驗下來，經財務試算，發現租金效益比原本預算多兩倍。這個獲益空間讓團隊營運起了化學變化，也讓爾後的操作帶來更多勇氣，願意投入更多資金來處理中古屋。進一步，范特喜發現這些年輕租屋者往往沒有能力整修或裝潢空間，而很多房東也因為對整理房子沒有想法，吸引不了願意承租的客群。就在這兩者之間，范特喜找到了切入點，整合房仲、室內設計、招商、物業，從一棟房子轉而變成一條街的改造計劃。

計劃中，最先成形的美村路一段117巷，已經成功改造4～5棟老宅，招攬20多個店鋪入駐。例如，范特喜1號店有Masker、Redfan、FFANY&FANCY、Vingt-

4.5 綠光計劃內也包含了工作室與展覽空間。
6 消費型的餐廳與咖啡館，提供逛街人潮休憩空間。
7 台灣傳統皮革企業成立的根手作概念店，使用義大利進口皮料，
回歸手工皮革包的傳統。
8 瑄3526瑜創意沙龍。
9 坍塌的屋頂修復後，改為可人行的平台。

鋪，形成有趣的饗宴空間。

范特喜營運經理潘冠呈表示，范特喜微創的成功來自於群聚效應，不過水能載舟亦能覆舟，群聚效應操作不當也可能造成負面效果，消費者的購買力容易被分散，削弱各小店的收入。為了避免發生搶客狀況，街區招商時在業種的選擇與配比顯得相當重要。

讓空間變成文創的培植場

一直以來，許多人誤以為范特喜是一間資本雄厚的企業，其實這幾年走下來，范特喜的營運成本都是靠著幾位股東用本業賺來的薪水來運作，成長並不算快速。回應坊間流言蜚語，鐘俊彥只能苦笑：「其實我們真的很小！」很多人都誤會范特喜是房產投機者，但自從決定轉型，范特喜等同於和賺錢的機會說再見了。

來自北港的十月國際在綠光計劃成立 ZABWAY 台灣自創沙灘拖品牌概念店。

目前，范特喜內部員工也不過12位，組成份子有來自營建、空間、設計、商場管理等各領域的專業人士，必須承攬硬體、軟體、保全、行銷整合等一切事務。這支精悍而熱情的團隊，在今年2月又分身成立育成中心，針對既有的承租人提供無償服務，藉由導入知識、資源、通路等，協助放大品牌規模。

直到前幾年，范特喜透過創投管道尋找到願意投資的企業，外援資金加上原有股東所有存款共募集了三千萬資金，使范特喜得以實現更大的夢想，包括二〇一三年完成的綠光計劃，以及接下來在宜蘭三星的觀光工廠計劃、在模範街區的職人換宿旅館。

中興一巷的綠光計劃，為范特喜發展成熟的指標案例，招標取得12棟自來水公司老宿舍為期18年的使用權後，范特喜花費極大精神修復毀壞泰半的房舍，包括結構補強、重建坍塌的屋頂，打造出一座結合地面與屋頂立體迴遊的街區。空間上，則整合了餐飲、藝廊、賣鋪、工作室、休憩、服務等

鐘俊彥表示，范特喜始終堅持以一年約方式合作，因為我們不希望小店固守原地，甚至催促它們可以成長，然後離開街區向外發展。有著與成熟外表不相襯的赤子之心，鐘俊彥說：「我們不想成為逢甲夜市或大賣場，而是做一個不斷孕育新文創的培植場。」

OPEN DATA

范 特 喜 的 風 格 小 店 財 務 報 告

DATA_1 綠光計畫改造基本費用

● 改造總價：2600 萬

● 設備費：1800 萬

● 改裝歷時：一年

DATA_2 營業額

● 2014年方損益兩平

DATA_3 特色商品

聚落經營、文創育成

DATA_4 業種比例

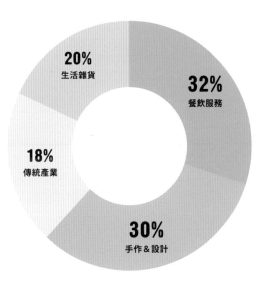

20%
生活雜貨

32%
餐飲服務

18%
傳統產業

30%
手作&設計

范特喜發展與老屋欣力有關嗎？

A1 我們的發展跟台南老屋欣力沒有任何關係，完全是就市場面而導出的
經營模式。一開始是我們發現租金相較於房價的投報率很低，加上台
中租屋市場對於租金的接受度不高，原本交由房仲放租的物件一直被
退回來議價，索性自己收回來管理，才發展出這樣的經營模式。

OWNER

鐘俊彥（51）
創業資歷 4 年

鐘俊彥的
SHOP MANAGEMENT
范 特 喜 的 Q & A

你們如何創造群聚效應？

A2 要如何讓群聚發揮效應，從都市的涵構
來探索，首先，選擇不被大馬路切斷的
巷弄，所以我們只鎖定公益路與中港路之間的巷
弄；其次，距離商業區不遠，步行10～15分鐘
以內的距離，是逛街人潮所能負荷；第三，巷弄
不要太長，約70～100公尺，限制在6米寬以
內。這是因為6米巷弄不需受建築法規的騎樓規
範，可以減少作業複雜化，另一個好處是車速較
慢，適合人行。

范特喜在育成中心扮演什麼角色？

A3 我們希望串連空間、通路、培育，將文
創推向產業化。為了增加和小店對話，
我們成立育成中心，邀請各界專業人士分享經
驗。育成服務目前為無償，若有意願投入長期計
劃的小店，范特喜將以乾股的方式進行互惠合
作，協助品牌精神、空間與形象建立。

SPECIAL ITEMS

范 特 喜 特 色 產 品

1

創意沙灘拖

台灣代工廠發展自有品牌，ZABWAY展現沙灘拖潮流一面。

2

手工皮包

根手作概念店販售手工製作的多種包款，都是台灣在地設計。

3

乾燥花

提倡用手做溫度的家家時驗社，提供乾燥花教學與販售。

SPACE DISPLAY

范 特 喜 的 空 間 陳 列 規 劃 術

1F

展間　廁所　UP16　走廊　庭院　庭院　走廊　展間　入口　展間

2F

陽台　陽台　陽台　陽台　展間

（單位：CM）

部份老建築的屋頂損毀，乾脆就維持原樣，不再增建屋頂，使建築街屋中跳出幾個露天庭院，加上大量綠植美化後，使街屋聚落增添休閒感，也可以達到遮陰效果，營造出適合散步的環境。

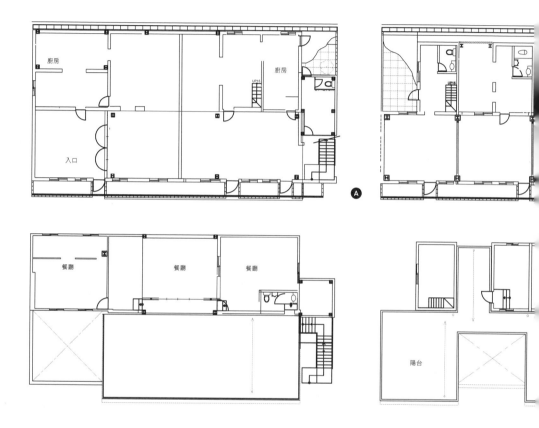

綠光計劃的建築屬自來水宿舍群，因荒廢已久，建物保存狀況不良，整修時發現建築物的狀況比想像中糟很多，許多結構與屋頂都損毀了。重新修復後，團隊將原本前棟樓的屋頂改為平台，並補強結構，引導人群向上走，使人群盡量在整座建築內游走，減少干擾鄰居。

自來水宿舍群唯一連棟的群聚建築，建築整修時，刻意將一樓相鄰店家之間的門洞，利用透明玻璃隔間，讓視覺可以從第一棟貫穿到最後一棟，使空間尺度大為拓展，也增加空間的趣味性。

FANTASTIC SHOP

23

好好
GOODDAYS

ADD
台中市西屯區朝富路232號

TEL
04-2258-0196

TIME
8:30-21:00

FACEBOOK/WEB
好好
www.gooddays.com.tw

從山上返回城市，走進小店模式的薰衣草森林

薰衣草森林從兩位創辦人詹慧君與林庭妃的夢想開始，勇敢踏入新社、尖石鄉，將荒僻的山區開墾為浪漫的紫色花園，創造台灣休閒觀光的新浪潮。這個在土地裡打滾成長的品牌，終於在2013年決定從山上回到城市。首先，在台中七期開幕的「好好」，對薰衣草森林集團這個成熟品牌而言，卻是一個全新的挑戰。

大品牌以小店模式經營，雖挾帶相對充足的資源，卻未必穩握成功的入門券。事實上，過去薰衣草森林集團一直想嘗試在城市裡拓點，例如來說，數年前在台中放送局裡開設的森林1935咖啡館，經營三年下來卻是不如預期。

所謂一朝被蛇咬，十年怕草繩，要再次挑戰城市，執行長王村煌一開始抱持著反對態度。他說：「創辦薰衣草森林的時候，台灣整體社會亟欲尋找新的話題焦點，薰衣草森林幸運地獲得青睞，創立沒多久便能打響知名度。在糊里糊塗的情況下，只要一展店就能吸引人潮，當時根本無法釐清成功的因素是什麼。」

● 讓小店變無館藏的美術館

對於一個成熟企業來說，要跳脫原本擅長的模式，重新摸索出全新風格，更是困難。「我們必須回過頭來問自己：人們為什麼要來這家店，而不是去其他家？」王村煌說。為了不被原本的腦袋駕馭，薰衣草森林集團成立「體驗設計處」，這支核心團隊囊括了行銷企劃、顧客服務設計、美感設計三個部門，透過大量的訊息研究與執行整合，創造出心之芳庭、緩慢民宿等深受歡迎的體驗場域。

過去兩、三年來，薰衣草森林的夥伴們一直在研究美術森林的夥伴們一直在研究美術館，他們發現無館藏美術館的經營模式，或許是相當值得借鏡的成功案例。做為薰衣草森林集團的第六個品牌，「好好」完全顛覆過去薰衣草森林的經驗，這間沒有固定商品的 Select Shop，從空間打造到採購皆以策展方式經營，期許自身可以做為將生活的美好與在地人事物的美好連結起來的媒介，回應這個由兩個女子成立的品

好好的 三大獨創特色

❶ 生活提案策展
好好團隊用一檔接著一檔的策展活動，對客人闡述核心精神，策展活動從食品、食器開發擴大到生活面相，聯合在地生產者、製造者、設計者，有時更結合餐廳內的飲食活動，特製新的菜單，讓消費者有全面性的體驗。

❷ 聯結在地的共好商品
好好以兩個「好」字為店名，便是要將生活的美好與在地的美好聯結起來，因此店內選物與餐廳所用食材，絕大部分都是在地製造生產，例如霧峰的香米、東勢的木盤、台中 Mojo 咖啡的自家烘焙咖啡豆等。

❸ 回饋社會的理念
為了復甦遭到水災重創的南台灣，好好創辦之初，便已決定要在高雄甲仙開分店。決定在城市以外的鄉下開店，儘管評估難以獲利，但在許可的情況下，好好希望能先當領頭羊，帶動企業回饋風潮。

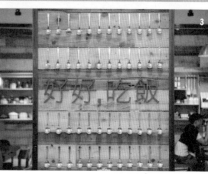

1 創作人利用物件表現出自己的飲食記憶。
2 好好執行長王村煌期許自身可以做為生活與在地美味的媒介。
3 回歸生活本質,鍋碗瓢盆、新鮮食材都成空間佈置的一份子。
4 由好好經營團隊策劃的新展,首次挑戰將店內菜單變成展覽的一部份。

牌,落實共好的概念。

於是,「好好」便嘗試以策展概念,邀集設計師毛家駿、插畫家良根、食物策展人謝妙芬、旅行觀察家洪震宇、植栽規劃師喜樂設計,進行空間流程、活動、食物、食器、畫作、植栽的跨界合作,為品牌導入新的刺激,並內化為養份,從而創造出新的開店模式。

策動在地美好的選品概念

「好好不走大餐廳的路線,只希望控制在 60～80 坪面積裡,分區規劃餐飲體驗、展覽、後台製作等機能,最重要是整合出我們所要傳達的生活感。」別於設計師背景的 Select Shop,薰衣草森林過去一直在鄉下走跳,其選物多從土地挖掘而來,例如來自霧峰的香米、細粒籽油工房出品的好油、美天工作室製作的果醬、台中

5

7

6

5 店內飯食搭配由霧峰農會契作種植的霧峰香米。

6 好好吃飯展中，創作人心心念念的家常味蛋餅，也成好好的新菜色。

7 由台中在地的設計師楞子手作開發的陶藝盆景。

Mojocoffee 自家烘焙的咖啡豆等，這些用心製作的商品，都與在地人事物緊密相扣。

王村煌表示，好好是一個開放的平台，在選物不急於一開幕就得備齊，反而是希望能透過慢慢地搜尋，挖掘更多不為人知的好物。也因此，好好在扮演通路的同時，一方面也身兼產品開發角色，有時還得協助傳統生產者申請檢驗與食品標示，這些過程顛覆過去品牌的採購模式，但也唯有如此才能深刻傳達生產者的精神。

隨著店內「你好請坐」、「讀冊」、「森活」、「冬日市集」等策展活動，好好路續引進各種不同的生活雜貨，到近期「好好吃飯」展，更是整合展覽、選物、餐食，團隊邀請不同領域的達人來分享各自的餐桌回憶，並且針對展覽主題發想新的餐點，實際用所選的在地好料入菜，讓消費者透過品嘗、

8 百年老字號的台灣農林紅茶，加入香草、檸檬片，喝法也能有新意。
9 不藏私的開放廚房，歡迎人們前來學習做菜。
10 將森林帶回城市，好好隱藏著一處後花園，且販售商品不少與園藝有關。
11 店內所用器皿也可買回家。

體驗、購買的過程，進而深刻認同在地，成為忠實支持者。

調整管理模式
展現共好精神

從好好開始，薰衣草集團對於旗下品牌的營運方式也有所不同，除了母品牌薰衣草森林仍然由總部管理之外，其他品牌都設有品牌經理人，可自主決定管理、策展、活動等店內一切事物。將權力下放，這個決定增加了決策系統效率，也讓每個品牌可以走出自己的態度與想法，最重要的是，能讓第一線收到的消費者意見，直接反應在店內的營運上。

隱藏在生活雜貨販售的背後，好好所要推廣的是「共好」的抽象概念。從好好開始，薰衣草森林不斷自問，過去所想像的森林實際上究竟是什麼？王村煌說：「我認為那是一些美好事物的綜合。」

OPEN DATA
好好的風格小店財務報告

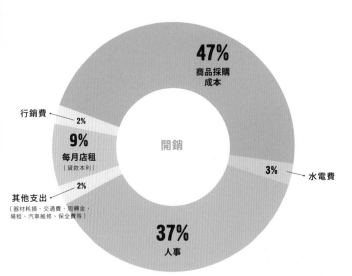

DATA_4 營業收支圖

- 47% 商品採購成本
- 行銷費 2%
- 9% 每月店租（貸款本利）
- 其他支出 2%（器材耗損、交通費、周轉金、場租、汽車維修、保全費等）
- 開銷
- 3% 水電費
- 37% 人事

開銷：盈餘
5：1

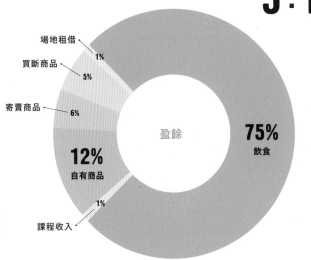

- 場地租借 1%
- 買斷商品 5%
- 寄賣商品 6%
- 盈餘
- 75% 飲食
- 12% 自有商品
- 1% 課程收入

DATA_1 資本分析

- 空間規劃費（老屋改裝結構費用）＋ DISPLAY花費（家具、佈置物）＝ 約500萬元（含家具、家飾、設計費）
- 囤貨資金：50 萬
- 改裝歷時：12個月

DATA_2 營業額

- 旺季月營業額：160萬
- 淡季月營業額：110萬
- 年營業額：1900萬（年度預估）

DATA_3 特色商品

策展、餐飲
選品（食物、食器、茶品…等）

這個品牌的意義不只在買賣，好像還有更多？

A1 我們希望創造顧客與生產或提供者之間的連結，企業除了創造利潤之外，我認為企業行有餘力應該共享社會價值，透過創造一個行業來解決社會問題，使合作夥伴也能有營收，同時連結到民眾的情感。開店前，我們花了很多時間歸納整理：我們到底是什麼店、是開餐廳或是傳遞幸福的店？這個創造的過程很類似文創。

OWNER

王村煌
創業資歷12年

王村煌的
SHOP MANAGEMENT
好 好 的 Q & A

決定拓展品牌或開店的關鍵是什麼？

A2 創業不能只看感性面，成本評估、財務細算、市場調查等該做的評估都做過了之後，我會問自己一句：客人希不希望這間店存在。我鼓勵夥伴創造產品、服務或品牌，但首要條件是客人要有感覺，如果對消費者來說可有可無，那大概也不必開了。同理可證，從客人的觀點來看，如果客人會希望這家企業（店）永遠都在，那就是成功了。

好好經營管理的困難之處與解決之道？

A3 因為社群媒體的關係，讓很多有個別主張的小店可以找到同好，而有機會生存下去。但若是稍具規模的商鋪，尤其像好好這樣集合了一家店集合不同業種、不同品牌，那經營的方程就更加複雜。做為一間服務導向的商鋪，服務人事成本是必然付出的代價，但開一間虧錢的店是錯誤的，對夥伴的傷害也很大，所以我們會設定一間店必須在三年內回收成本，並且訂下分紅的制度來激勵夥伴，再考慮用盈餘來創造其他收益。

SPACE DISPLAY
好好的空間陳列規劃術

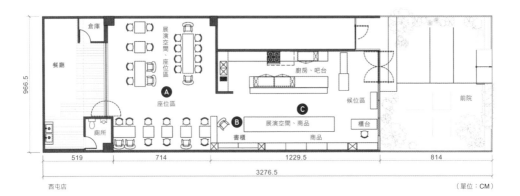

966.5

倉庫

餐廳

展演空間、座位區

Ⓐ

座位區

廁所

書櫃

Ⓑ

展演空間、商品

Ⓒ

商品

廚房、吧台

候位區

櫃台

前院

519　714　1229.5　814

3276.5

西屯店 （單位：CM）

好好經過了12個月的醞釀，空間本身以共同策展概念打造而成，座位區大面壁畫是邀請插畫家良根，專為好好空間所繪製，展現出從產地到餐桌，吃當地、吃在地的概念。

閱讀是體驗他人精彩人生的最佳管道。無論在好好西屯店或好好甲仙店，閱讀區一直是店鋪空間很重要的角落。好好西屯店的閱讀區邀請作家洪震宇策劃、選書，除了可坐下來看之外，也可買回家。店鋪內也有不少在地刊物可供閱讀。

好好的空間由設計師毛家駿策劃，大量使用舊木料營造出自然感，加上櫃台的古董西裝櫃、老秤等物件，增添生活感；而開放廚房前的6米保齡球桌道上，做為開放式平台，邀請不同領域的朋友共同合作不定期，分享美好與共好的故事。

SPECIAL ITEMS

好 好 的 特 色 產 品

1

好好木盤

為了幫助受地震衝擊的東勢當地傳統
木工廠，收購過去生產庫存，使簡單
好用的木盤成為餐桌上的好物。

2

食譜筆記組

Hearty Studio與慢食堂合作開發
的為愛下廚防沾食譜筆記組，使用防
油防水的蠟紙製作。

3

細粒籽油工房

小量生產的在地品牌，所生產之芝
麻油、苦茶油、亞麻仁油，採用手
工冷壓製油工法手工製造。

4

美天果醬

使用台灣新鮮水果為食材，以充滿創意的搭配方式，如百香
果南瓜、香草香蕉、鳳梨木瓜等，呈現出法式果醬的新意。

5

絲瓜皂

薰衣草森林香草鋪子的自有產品，結合菜瓜布與手工皂，
一邊洗手一邊去角質，相當好用。

挑高倉庫建築設置上下夾層，形成趣味迴遊動線。

FANTASTIC SHOP

24

本東倉庫

ADD
高雄市鹽埕區光榮街1號

TEL
07-521-9587

TIME
週一-週四：10:00-19:00
週五-週日：10:00-20:00

FACEBOOK
本東倉庫商店

傳遞美好訊息的商業行為

南台灣重量級的駐地插畫家李瑾倫將20年創作成果化
為撥撥橘、本東咖啡、本東倉庫這三間店，這些橡皮
擦擦不掉的作品，背後承載著她對圖像設計的熱愛，
以及關注環境、人與動物的種種。因為偷偷添加了一
點點美好，使這個空間模糊了商業和非商業的界線。

為偏鄉流浪貓狗TNR計劃，投入人們口中所謂的「文創產業」。最一開始，這個工作室主要為創作性質，李瑾倫所生產的商品多分配到全台小店寄賣，沒有專屬店鋪。隨著知名度累積，遠從香港與中國的客人增加，李瑾倫才決定讓出部份工作室空間做為商鋪；而自始至終，撥撥橘小店仍就維持純粹性，讓消費者不必東奔西跑，一趟就能完整了解創作者的所有面向。

區附近成立工作室，並自創品牌，投入人們口中所謂的「文創產業」。最一開始，這個工作室主要為創作性質，除了應用自己的圖像外，裡頭總不忘附帶一句標語「永遠不在中途放手」、「我們都是世界上最好的那個」、「──到世界末日那天」……對她而言，文創與創作的定義為何，似乎不是那麼重要；要緊的是，心中總有那麼一句重要的畫想說。誠如，她在展覽上曾寫下的一句話：

「我時常思考著，一個可以傳遞美好訊息的商業行為的最大可能。」簡簡單單便道出四年來，她與工作室一連開了3間店背後的真正用意。

初期投入文創，銷售狀況雖不夠熱絡，但李瑾倫真摯而簡單的訴求卻能夠吸引特定族群，在明信片商品帶動下，漸漸產生回流效應，做出了一點成績。翌年，恰好高雄市政府試辦「文創設計人才回流駐市計畫」，工作室提出申請，入選為33位參與者之一，而有了在駁二藝術特區開展的契機，成了撥撥橘小店跨出去的第一步。

📍 從撥撥橘小店開始

二○一二年，從英國皇家藝術學院（RCA）畢業滿十年的插畫家李瑾倫，決定在駁二特

本東倉庫的
三大獨創特色

➊ 自有產品多元豐富

李瑾倫創業前將近 20 年從事插畫，累積了大量圖像作品，由於李瑾倫從事創作 20 年當中，畫風有多次轉變，使得風格面相極廣，大量的圖成了發展品牌最大優勢，無論用在自我商品或店內 POP 上，都能為與消費者溝通的最好媒介。

➋ 獨家代理商品

本東倉庫、撥撥橘、本東畫才咖啡的選物責任，大多還是由李瑾倫親自操刀。由於插畫家的眼光獨特，獨家引進不少海外獨立創作者的作品。李瑾倫尋找的商品著重圖像感之外，通常都富有一絲幽默與玩心。

➌ 全齡皆宜的選物

本東倉庫的設計選品廣泛，幾乎可涵蓋全年齡層的消費者。除了買物之外，店內並複合了餐飲服務，提供現打西瓜汁、泡麵、蛋糕、零食等，場域大且飽滿，足夠讓人消磨上一整天。

1 零搶眼的紅色金屬牆上用吸鐵吸住展示特別推薦商品。
2 結帳櫃檯琳瑯滿目的商品，令人一再淪陷。

策展練習
催生開店的創意

由李瑾倫工作室策劃的「年售來了」以5個空間規劃，呈現李瑾倫的創作精神與出版品。

在最後一個空間中，則是以一間臨時店「本東好好喝倉庫咖啡」，將展覽內容延伸為商品，例如寄明信片服務、本東好好喝咖啡、有保存期限的咖啡明信片，這些有趣商品與服務概念就在當時衍生，也成了日後催生三號店本東咖啡的契機。

儘管駁二特區動作頻繁，但文化消費尚未群聚成型，看展順道光顧撥撥橘的客人總是匆忙來去，缺少能夠長時間停留的空間。為了讓客人能有個地方坐下來寫明信片，當李瑾倫看到撥撥橘斜對面的老房子貼售時，便決定買下，開了本東畫材咖啡。一路協助工作室發展的對外事務負責人Cupid說：「我們從不覺得撥撥橘和本東咖啡會賺錢，只是覺得有這樣的空間很享受，基本開銷足以打平就夠了。」

因為「年售來了」展的成功，使人才回流計劃最終總展覽時，承辦單位希望李瑾倫工作室可以辦一場較大型的展覽。

於是，夥伴們便租下七號倉庫，策劃「撥撥橘海水浴場」，當時推出各種有趣商品與活動，包含各式圖像設計有趣的進口零食、泡麵，以及現打西瓜汁、餐飲服務等，從選物、

3.4 零食包裝也是一種圖像設計的呈現方式。
5 後方區域販售零食、餅乾、西瓜汁等，讓
人逛到肚餓也不必大老遠買吃的。
6 明信片區設置郵筒，提供寄送服務。
7 店內也引進各種色彩鮮豔的雜貨。
8 明信片是傳達圖最好的工具，因此店內從
不嫌明信片商品太多。

沒有距離感的設計百貨公司

在七號倉庫蹲點超過半年，使得工作室累積一定程度的信心，決定參與標案，提出在駁二開店的企劃。號稱「什麼都設計工作室」的李瑾倫，親自構思空間，並且參與施工現場，花費一個月時間施工，以及一個月時間佈置，才將巨大荒廢的倉庫整頓出今日本東倉庫的模樣。

走進本東倉庫，一般人都會被它的大給嚇到，但卻會立刻被這裡歡樂的氣氛所吸引，這獨特的氣場與瑾倫為本東倉庫所下的定位不謀而合。「簡單來說，本東倉庫就是文青的小北

百貨！〔註〕」Cupid說：「我們不覺得賣設計商品的地方就一定要酷酷冷冷的，而是希望這是一般人都能來消費的地方。」

為了消弭距離感，本東倉庫自有一套獨特的選物邏輯。從本東畫材咖啡二樓商店開始，雖然大多數商品是由瑾倫挑選，但隨著倉庫品項越益擴充，也逐漸開放讓夥伴加入選物部隊。由於夥伴的年齡層不一，選出的物件時而微妙，創造出具有全齡魅力的設計賣鋪，這大概就是人人都愛本東倉庫的原因吧。

玩樂到餐飲一次滿足的策劃成功吸引高雄人的心，使得展覽從原本預計二月結束，一再延期到九月才不得不落幕。

註 小北百貨，南台灣一間連鎖五金量販店，每家店佔地不小，從工具到日常用品皆售。

OPEN DATA
本 東 倉 庫 的 風 格 小 店 財 務 報 告

DATA_4 產品暢銷比例

食品(零食飲料)　8%
餐飲　5%
筆　15%
明信片與卡片　30%
紙製品　15%
其他　27%

DATA_5 營業收支圖

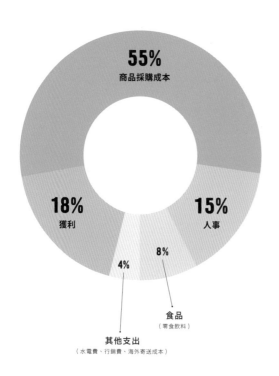

55% 商品採購成本

18% 獲利

15% 人事

8% 食品 (零食飲料)

4% 其他支出 (水電費、行銷費、海外寄送成本)

DATA_1 基本費用

● 空間規劃費：500 ～ 600 萬
(老屋改裝結構費用)

● DISPLAY 花費：60 萬
(老屋改裝結構費用)

● 設備費：280 萬
(含冷凍庫、蛋糕櫃、電氣工程、
相機、冰淇淋機、咖啡機、
廚房設備、POS 系統)

● 囤貨資金：1000 萬

● 購屋資金或房租押金：
押金 7 個月，3 年約

● 週轉金：3 個月

● 改裝歷時：1 個月

DATA_2 營業額

● 旺旺季(過年)：250 萬／月

● 淡季(11、4、5月)：
150 ～ 140 萬／月

DATA_3 特色商品

**紙製品、文具、雜貨
進口零食**

> **為何本東倉庫的內容會如此多元？**

A1　本東倉庫不純然只是一間賣鋪，本東倉庫提供包羅萬象的服務內容，混雜在鉛筆明信片堆中，兼賣日本進口零食，並且還有咖啡蛋糕店、現打西瓜汁攤，甚至還提供明信片寄送與泡麵服務。這些內容是為了彌補區域匱乏的餐飲服務，客人不需要為了買一瓶水或食品，必須跑大老遠，也可以增加逗留時間。如此巨大的商鋪要在空曠的駁二特區存活，本身必須就是一座巨大的群聚製造機。除此之外，我們覺得食品也是展現圖像設計的載體，所以挑選了許多包裝好玩的產品，這些商品某一層面也是生活美學的一部份。

OWNER

李瑾倫
創業資歷 3-4 年

李瑾倫的
SHOP MANAGEMENT
本 東 倉 庫 的 Q & A

> **可以談談自有產品的開發方法嗎？**

A2　不同於文具批發概念，李瑾倫工作室是以創作導向，創作者無法為了做商品而做商品，剛開始我們很不能理解為何開發商品必須制定時間表，我們都採取「計劃跟著變化走」的模式。這種不按牌理出牌的法子，剛開始很不被認同，甚至向通路商匯報提案時，還被踢了出來。我們寧可做出讓人欣賞的作品，在不浪費的原則下賣到最後一張，也不願意被逼著做出不吸引人的短命產品。

> **工作室有什麼未來規劃？**

A3　現在或未來我們都不打算做連鎖模式。橫向式的複製展店不適合撥撥橘，我們喜歡直向式展店，每次都呈現不同東西。未來，本東畫材咖啡的隔壁將會成立專屬的筆記本裝訂空間，而本東倉庫旁則會增加一個有趣的便當店，另外瑾倫也正在與台北信誼合作親子館洽談合作，未來在北部會有一間15～16坪的小商店。

SPACE DISPLAY

本 東 倉 庫 的 空 間 陳 列 規 劃 術

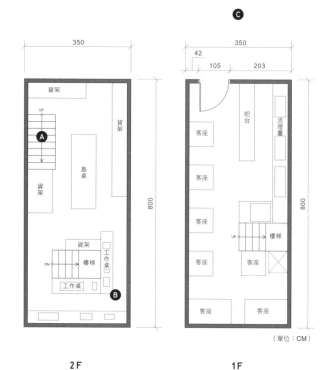

老舊倉庫建築的空間尺度極大，尤其上下挑高將近兩層樓。由李瑾倫親自規劃設計的店鋪空間，利用空間原有的特色搭建起空中平台，消費者可透過樓梯、貓道、斜坡等動線，達到上下回遊的趣味性。

2F　　　　　　　　　1F

（單位：CM）

空中平台中最重要的角落，便是筆記本百貨公司的設置。本東倉庫將本東畫材咖啡提供客製化筆記本的服務擴大，在二樓規劃專屬角落，消費者可親自挑選紙張大小與配件等，現場設計出一本屬於自己的筆記本。

本東倉庫如同其名，商店位在駁二藝術特區內，建築本身就是一座頗有歷史的倉庫建築。由於採用標案進駐方式，外觀大致維持建築原貌，場域本身具有獨特性，周邊加上高低木平台與草皮提供休憩使用。

SPECIAL ITEMS

本 東 倉 庫 的 特 色 產 品

1

Lianne Mellor 盤子

結合英國年輕插畫家莉安娜・米勒（Lianne Mellor）筆下動物的盤子，可實用也可收藏。

2

京都文學堂系列

以文學為主題的京都文學堂（ぶんがくどう），透過將文豪筆下的心象風景圖像化，發展成筆記本、筆筒、足袋等商品。

3   Chinlun 杯墊

李瑾倫自有品牌 Chinlun
新出品的杯墊，集合了各
時期的精彩風格。

4
—
文具

筆類文具主要以 Staedtler、Wopex 兩
大品牌為主，各式各樣得獲得殊榮的高性
能筆類，這裡幾乎都能找到。

3 •••
PLUS+

FANTASTIC SHOP
③
開店心法
30

心態調適篇

慢累積廣度及深度，如果事業是一輩子的事，花 5 ～ 10 年打基礎是很正常的，只要保持對顧客友善的態度，而不是為私人利益著眼，不把商品推銷給不需要的人，讓來到這裡的朋友們趕到安心與信任是最重要的。

4 老闆＝認命的員工，你想清楚了嗎？

小資本開店，意味著必須要盡可能降低成本，老闆凡是能親力親為最好。開店是佈置一個屬於自己的王國，也猶如是一場老闆的才藝表演，除了必要處理進貨、財務、經營等瑣事之外，有些店主還必須一手包辦攝影、網頁、印刷、寫作等，自己排版印刷，省下宣傳費用。尤其當營運出了狀況，老闆必須一肩扛起拯救任務，勞心勞力直到生意轉好，一生懸命的責任，是沒有打卡下班的。

1 給有意轉職者的忠告？

創業成功的果實是美好的，會受到許多的關注，比單純上班族受限於場地與公司文化，在心境上來得自由不受拘束，但創業必須付出你所有的時間、金錢、精力，而且不一定能得到相對的報酬，創業第一年的失敗率高達 70％，十年的失敗率高達 95％以上，認真看待財務規劃，讓收入與支出平衡，親自花時間去檢視與修正每一個步驟，只有自己確實掌握每一個環節，才不容易在長達十年的淘汰賽中敗退下來。

3 行動前是否做好最壞打算？

開店沒有不付錢上課的，開店需要一定的年紀，認識的朋友多、興趣廣泛、可以系統性的歸納，才不會開兩、三個就耗盡，才能有足的的梗可以玩。

開店之前必須要理性思考，當理性思考過後了解種種困難，還保有想要開店的熱情與衝動，就算是過了自己這一關。雖說沒有衝動就無法行事，但行動前務必做好最壞打算，仔細思量最壞的結果是可以承擔的，就可以去做。所謂血本無歸，也不過是回到零的狀態。

2 創業應該俱備的特質或能力或思維態度？

創業不能操之過急，不要想要在最短的時間內成功，而是必須要慢

5 分析市場雜貨定價策略，以及消費者接受程度？

在網路的世界中，雜貨市場的價格是無法制訂的，會不斷地出現價格破壞者，只有不斷地去發掘新的商品與應用，獨特地商品才會有制訂價格的能力，必須透過說故事的方式讓消費

者認同銷售者及商品的價值。

心法二　商品陳列術

7　你應該要明白的商品管理邏輯？

依照品牌、依照類別、主題各種方式陳列，總合起來差別不大。

不過，在陳列上要特別注意，空間若有西曬問題，盡量不要將會褪色的產品，例如服飾、包包、紙製品放在窗邊。若是香氛類的產品可以盡量往入口放，可誘導客人走進空間；高單價的產品盡可能往結帳櫃台擺，可以避免失竊狀況。此外，需要特別介紹的產品也可以往櫃台放，可以多介紹，提升銷售率。

寶櫃位內的小品牌陳列大約每週調動一次，而牽涉到家具的大挪動或主題佈展式的陳列，大約每三個月進行一次。變動頻率視店家經營策略而定，溫事則每月都有策展活動。

6　是否有欣賞的小賣店，簡述為何成功模式？

溫事店主Rick分享道，他們看過很多在日本偏僻的小雜貨店，在稻田或巷弄間靜靜的生存，透過自己的理念堅持，聚集世界各地的朋友造訪，並以真誠的對待照顧來訪的朋友，透過物品與主人的交流，讓心情得到療癒並留下深刻的印象。小店的成功之道不在於業績與數量，而在於是否能夠感受到店家的溫暖及用心程度。

8　時常改變陳列增加新鮮感？

小店不可能天天進貨，一段期間內若沒有新商品，可利用空間陳列改變營造新鮮感，同時也讓不同商品輪流被注意到。例如阿之

創業的過程是非常辛苦的，會有許多跟隨著等著收耕耘的果實，再以價格戰進行市場的掠奪，只有保持不斷的變化及成長速度，不去理會市場的喜好，自己開拓新的市場需求（有時候自己也不知道這個東西會不會有人買？）在經營過程中找到趣味是很重要的。

9 印製介紹小卡，助於銷售產品？

店舖外，透過店家之間的酷卡交換陳設，有助於建立知名度與形象，也可以從風格類似的小店，找到既定的目標消費者。

店舖內，小卡解說可以讓客人自由欣賞，避免服務人員隨伺在後的緊迫感，不過店卡提示盡可能簡潔扼要，避免過多文字造成干擾。此外，訴說的方式要正確，最好誠懇地描述存在生活的事實，而不是去捏造故事。

10 生意淡季怎麼辦？

彩虹來了的老闆高耀威表示，淡季時就是小店累積能量的大好時機，趁著這段期間進行創作，就是為迎接旺季準備子彈。

木子到森的創辦人李易達經過多年觀察，也認同創新是小店最大優勢，每年的新作發表非常重要，新作品可以帶來新的

關注，增加新的收入，同時也會帶動舊作品的銷售。

11 手作商品面臨瓶頸？

台灣的文創商品面臨瓶頸，快速大量生產的商品佔大多數，即便款式或設計很多種，但消費者感覺差異不大。消費者喜好的還是手工的產品，例如手工包包、手工皮件等獨特性較高的限量產品。然而，手作品牌往往受限於生產瓶頸，推陳出新的速度慢，致使很多店家為了維持進貨量或新鮮感，引進海外品牌，因此形成惡性循環，也會擠壓的國內的產業。

12 台灣生活道具店的現況發展？以及未來的趨勢處？

在台灣生活道具店這兩年越來越多，幾乎都是從國外進口商品進行銷售，許多商品是源自

於當地的文化與風土特色，如何讓台灣的朋友認同其價值是非常重要的，不只是把商品擺上去，還要有熱情的去述說故事與緣由，藉由器物的取得去認識當地的風土是很重要的，未來生活道具店家會越來越多，但基本上因利潤空間有限的情況下很難在黃金地段生存，必須找出獨立的特色與生存之道。

心法三 異業／通路合作

13 寄賣合作的好處？

對創作者或品牌而言，寄賣可以省去成本開店，讓創作者免於趕場擺市集或勞心勞力於經營瑣事，創作時間與資本不會被稀釋，能夠產出的質量也較好。

如果，寄賣店家的地段良好，人潮客戶群更廣大，因此能快速建

立知名度。但是，寄賣點多，卻不代表銷售數字同樣快速成長。

14 寄賣合作的缺點？

寄賣是兩面刃，寄賣點多雖然可以增加曝光率與知名度，但如果同一區域內的店家頻繁出現，也會降低獨特性，讓人感覺好像是隨處都會出現的商品。寄賣點越多，表示手邊商品大多流落在外，創作者無法掌握銷售狀況，往往陷入疲於生產的宿命。此外，寄賣店的銷售態度往往不如直營店積極，銷售期過長或銷售不如預期，還得認賠商品折舊或損壞，這些都是可能發生的損耗。

15 採用獨賣的方式可以讓通路更具魅力？

寄賣較好的方式，建議同一觀光區域內慎選一個寄賣點即可，若有兩個以上寄賣點，建議

擺設的商品要區分，例如這家店只賣筆、那家就只賣燈，可以保持商品的新鮮感，也避免寄賣商家互相競爭。當然，創作者渴望的是買斷型的商家，但通常可遇不可求。買斷型的商品進貨同時就銀貨兩訖，創作者可以得到立即性的金援，相對地，少有商家願意投入資金、冒著囤貨風險買斷，通常都是非常喜愛創作者的商品，並有高度自信，認為絕對可以賣得出去。

16 打破限制，品牌聯手玩出新花樣？

有限的資源下，小店也能夠過網路社群玩串聯，藉由每一家店的臉書或網站等小眾媒體，聯合成一股號召力來舉辦活動，例如演唱會、講座、展覽、市集等，台南彩虹來了曾在正興街號召封街，舉辦小屋遊，而台中土庫里則有暖太陽刊物發聲，藉由串聯的能量可以活絡街區，吸引人潮，創造聚眾。

創業達人這麼說！ERIK FROM RAINBOW IS COMING

心法 四

客戶關係經營

17 如何建立熟客系統？

方式，每位客人都有專屬的個人資料夾，消費在4次以內的客人依照姓氏排列，消費3～5次以上的客人就會另外列入熟客系統。熟客系統的個人檔案夾會按照地區縣市分類，上面仔細記錄購物日期、購物明細、累計金額、卡片紀錄、回應訊息、贈品紀錄等，這些訊息可以幫助掌握客人的喜好，當有符合興趣的商品進貨，可以網路發送消息，甚至可以達到立即銷售的動員效果。此外，注重售後服務的小店，也可以避免送上重複的禮物、卡片或包裝形式，讓客人收到禮品時更有驚喜感。

以溫事為例，熟客經營採雙向管理，不只單純列上購物明細，最好也仔細紀錄與客人互動的種種。溫事雜貨鋪所採用的顧客管理系統，參考診所病歷表的歸檔

18 廣告行銷有必要嗎？

大部分的廣告與宣傳都是不必

創業達人這麼說！

彩虹來了老闆 高耀威

面對客訴的心態要正確

高耀威：我們的客訴率非常低，從創業到現在七年只有三、四個，有些是誤會，有些是自己的失誤。有一次自己再寄送商品的時候，不小心將打下的瑕疵品錯放在出貨區，雖然瑕疵的地方只是沾上小小的油墨，但剛好買的客人也做成衣生意，他將意見反映在公開留言板上。

我不將留言拉下來或刪除，就直接在上面回覆訊息，因為希望每個客人都能看到我們的處理方式，透過這個危機，讓客人了解彩虹來了是如何對待每一個消費者。首先，我不麻煩客人寄回瑕疵品，而是直接重新出貨，而經由溝通後，我發現這個客人是因為喜歡我們出版的書才來買衣服，後來我將自己保留的精裝本，以不具名方式寄給他。收到之後，客人非常驚喜，只要誠心去處理，客訴也可能成為交朋友的契機。

要的，只要經營理念與風格夠特殊，自然會有源源不絕的宣傳報導，以真誠與溫暖的心去面對妳的顧客，取得雙方的信任，才會有未來源源不絕的事業基礎。花時間去照顧客戶關係，認識顧客的喜好並為對方設想的觀點出發，讓顧客主動為我們宣傳才是最有效的方式。

19 如何招攬生意 增加收入？

不停採購好商品，讓客人享受商品就是最好的顧客經營。

20 提供特別的服務？

除了散客，小店有時會有特別訂單，例如有開店老闆主動上門，希望能代為尋找生財器具。如遇到詢問特定器皿或數量的客人，可主動詢問是否要開店，這時就可以告知有代尋服務，雙方可透過照片或樣本溝通，再幫忙進貨。

21 小心整形上癮症！

雜貨販售的是一個感覺，當店認為，本東倉庫之所以發展規模會做大的原因是因為，不如此便內生意不好的時候，通常會進行大整修，將整個空間煥然一新，再造成功就可以救，再造不成功反而增加虧損。店主如果不能掌握店的走向，小心染上整形上癮症，光靠翻新是無法抵擋崩壞的速度。

不可不慎的地雷區

向劣質化，不可不慎。

23 小就是一種危機！

本東倉庫的對外負責人Cupid認為，本東倉庫之所以發展規模會做大的原因是因為，不如此便無法生存。若像本東咖啡那樣的規模，是無法支撐如此大量快速更換的採購，當商品數量受限時，意味著收入也有限，但所要付出的人事與營運成本卻是不變的。本東咖啡之所以能有盈餘，完全是因為本東倉庫開張後資源共享的原因。為何說小就是危機呢？Cupid直接從成本面回推，每一個員工必須要照顧一定數量的商品，才能夠打平薪資，當空間所要雇用的員工越多，意味著品項也要隨之倍數成長才能提升利潤空間；而小店沒有後援是很嚴重的致命缺點，倘若小店能聯合起來發展出規模，集中戰鬥力，也能收到大店的效果。

22 小心劣質化！

若觀察《天下雜誌》十年前的一千大企業，今日還有幾家存在？創業的失敗率高達95％以上，創業第一年的失敗率70％，幾年後甚至失敗率提升到90％，隨著擴大市場風險也越提升。開店之後為了保持利潤，經常有開始削減成本，使店的品質開始走

24 快速擴張風險大！

俗話說，錢多好辦事，但錢多事情辦成了，問題往往接踵而至，還不見得比較好。除非默契與信用非常良好，否則不建議一下子就用股東模式擴張經營。阿德認為，寧可自己貸款，小規模慢慢經營，也比過度膨脹來得好。

重要任務，老闆的責任是去守住產品利潤，而員工的任務則是全力衝刺服務，至於賺不夠是老闆應該想辦法解決的問題。由於服務業的工作是無法量化評估的，因此本東倉庫採用利潤分享概念，只要做事態度積極熱情，當月利潤便立即性回饋獎金，而非在年終分紅總結。立即性回饋可以激勵員工士氣，並且永續栽培員工，積極度的差別反應在每個人的調薪速度上，有人一年內可調四次，有人一次獎金就有一萬塊。

25 激勵員工很重要！

本東倉庫的對外負責人 Cupid 表示，店鋪內的各個角色都有

心法 六 空間陳列

26 找到適合的裝修之道？

裝修成本關係到店鋪將來的營業額，只要將預估成本攤提在租約內，計算出每個月所要承擔的費用，就能推估出多大的經濟規模應該投入多少裝修費。

空間裝修可分批改造，也可一口氣到位，分批改造的好處是可以減少不必要開銷，當店鋪賺錢的時候再投入擴充，是較保險的作法。一口氣到位的好處是工班一次進場完工，總裝修開銷小於分批裝修，但缺點是一次負擔的壓力較大。

27 預算有限，如何規劃設計陳列櫃？

經費預算不足，盡量減少訂製木作，利用現成家具或改造老家具做為展示櫃，是很不錯的點子。選擇老家具有幾個要領，平台式如桌子、邊桌等，本身就很適合陳列商品；附有抽屜的櫃子兼具展示與儲物功能，建議將部分門片改為玻璃，或者選擇對開門式，可以將櫃體打開展示內層，才有展示效果。此外，抽屜是很不錯的選擇，可以分類展示小物，還兼具收納功能。

28 空間規劃特別注意之處？

除了必要固定的大型家具與家電，例如大型書櫃、冰箱、冷凍設備等，這些設備因為搬運不易，通常安裝後就不太會移動，建議設計在不影響動線之處。由於商場陳列需要具有靈活度，必須時常挪動增添新鮮感，或者適應主題商品與展覽而調整，因此展示櫃體通常不建議做成一體化的系統櫃，最好以一個個獨立櫃／桌體為主。

較隱密安靜，適合陳列精品，提供熟客專屬服務為主（但最好另有服務人員看顧介紹）。

29 依照樓層區隔客群？

若空間有上下樓層時，規劃上要注重管理與屬性。一樓的店鋪通常兼具招呼客人性質，由於人員在場看管，所以適合陳列較受觀光客或過路客喜愛的商品。二樓空間屬於次要空間，可以做為非營利用的講座或展覽空間，若是要做店鋪，因環境

30 動線規劃建議迴游式？

店鋪空間很小的時候，不少商鋪採取的陳列策略都是以回字型動線為思考，除了兩旁陳列架之外，中央陳列區往往擺設立體型的主力商品，例如陶瓷等。採用回字型動線的好處是動線有變化，可以增加客人在店內的時間，遊走一圈剛好可以欣賞商品的各面向。

國家圖書館出版品預行編目(CIP)資料

風格小店創業學：24位設計人、生活風格者、
插畫家，將自己喜歡的物件，以創意變成工作，
創造微小而生意盎然的商機！/ La Vie編輯部
作.-- 初版.-- 臺北市：麥浩斯出版：家庭傳媒
城邦分公司發行, 2014.09
256面； 公分.-- (城邦 享；20)
ISBN 978-986-5680-37-4(平裝)
1.創業 2.商店管理 3.商店設計
494.11   03015943

風格小店創業學

24位設計人、生活風格者、插畫家，
將自己喜歡的物件，以創意變成工作，創造微小而生意盎然的商機！

責任編輯	陳淑芬、邱子秦
採訪撰文	李佳芳
攝影	王士豪
平面圖繪製	張碧庭
設計	IF OFFICE
發行人	何飛鵬
事業群發行人	許彩雪
社長	
出版	城邦文化事業股份有限公司　麥浩斯出版
	E-mail｜cs@myhomelife.com.tw
	地址｜104台北市中山區民生東路二段141號6樓
	電話｜02-2500-7578
發行	英屬蓋曼群島商家庭傳媒股份有限公司城邦分公司
	地址｜104台北市中山區民生東路二段149號10樓
	讀者服務專線｜0800-020-299（09:30-12:00；13:30-17:00）
	讀者服務傳真｜02-2517-0999
	讀者服務信箱｜Email：csc@cite.com.tw
	劃撥帳號｜1983-3516
	劃撥戶名｜屬蓋曼群島商家庭傳媒股份有限公司城邦分公司
香港發行	城邦（香港）出版集團有限公司
	地址｜香港灣仔駱克道193號東超商業中心1樓
	電話｜852-2508-6231　　　　傳真｜852-2578-9337
馬新發行	城邦（馬新）出版集團Cite（M）Sdn. Bhd.（458372U）
	地址｜11, Jalan 30D/146, Desa Tasik, Sungai Besi,
	57000 Kuala Lumpur, Malaysia.
	電話｜603-90563833　　　　傳真｜603-90562833
總經銷	聯合發行股份有限公司
	電話｜02-29178022　　傳真｜02-29156275
製版	凱林彩印股份有限公司
定價	新台幣399元／港幣133元

2014年9月初版一刷．Printed In Taiwan